Anika Moritz

Die Katzentrainerin

Anika Moritz, * 2000, arbeitet professionell mit Katzen. Alexis, ihre eigene Katze, stellte einen Guinness World Record auf: über 26 verschiedene Tricks in nur einer Minute. Moritz berät regelmäßig Filmproduktionen als Expertin für Tier- und Katzenverhalten und schreibt für verschiedene Zeitschriften. Auf ihrem TikTok-Kanal @katzentrainer mit über 200 000 Abonnenten teilt sie ihr Wissen über Katzen in kurzen Videos.

Anika Moritz

Die Katzentrainerin

Mit bedürfnisgerechter Erziehung
die Katze-Mensch-Beziehung stärken

Mit Illustrationen von Ben Rennen

dtv

FSC
www.fsc.org
MIX
Papier | Fördert gute Waldnutzung
FSC® C019821

3. Auflage 2025
Originalausgabe 2023

Tumblingerstraße 21, 80337 München
produktsicherheit@dtv.de
Umschlaggestaltung: Lisa Höfner | buxdesign,
München, unter Verwendung eines Fotos von Jürgen Pletterbauer
Umschlagmotive: shutterstock.com / © Standret, Koltukovs,
PROSKURIN SERHII, Kseniia Gorova, graficriver_icons_logo
Satz: Fotosatz Amann, Memmingen
Gesetzt aus der Kepler
Druck und Bindung: Druckerei C.H.Beck, Nördlingen
Printed in Germany · ISBN 978-3-423-35215-4

Inhalt

Vorwort

Seit ich denken kann, lebe ich mit Tieren zusammen. Aber die besondere Art von Katzen faszinierte mich von der ersten Sekunde an – nicht nur, weil ich fast täglich Katzen um mich hatte. Schon im Kindesalter verschlang ich fast alle Bücher über Katzen, um sie zu verstehen und ihnen ihr Leben bei mir so schön wie möglich zu machen.

Mit elf Jahren wurde mein Wunsch, selbst für eine Katze zu sorgen, erfüllt und meine erste Katze Alexis zog bei mir ein. Mit Alexis öffneten sich für mich die Tore des gewaltfreien, positiven und bedürfnisgerechten Tiertrainings. Alexis ist auch der Grund dafür, dass es dieses Buch und mich als Katzentrainerin gibt (Alexis seht ihr auch auf dem Cover). Sie und ihre Katzenpartner*innen Cassiel, Freddie, Balthazar und Emely waren meine besten Lehrer*innen. Durch sie lernte ich vor allem, wie wichtig es ist, sich individuell auf die jeweilige Katze einzustellen, und wie gut positives Training funktioniert.

Schon im Teenageralter war für mich klar, dass ich beruflich mit Tieren arbeiten möchte, und so nahm ich an zahlreichen Seminaren und Workshops zum Thema Katze und Hund teil. Für mein Matura schrieb ich eine vorwissenschaftliche Arbeit mit dem Titel »Untersuchung des Konzeptes für Clickertraining am Beispiel der Katze« und absolvierte danach den Fernlehrgang »Tierpsychologie mit Schwerpunkt Katze«, der den Grundstein meiner Ausbildung legte. Seither

besuche ich regelmäßig internationale Fortbildungen und wurde an weiteren Instituten für Tierverhalten ausgebildet, um auf dem neuesten Stand der Wissenschaft zu bleiben und mein Wissen zu erweitern.

Je mehr Katzen und Katzenbesitzer*innen ich dadurch kennengelernt habe, desto klarer wurde mir, dass Katzen bei Problemen missverstanden werden. Katzen sind sehr feinfühlige Tiere, die unsere Stimmungen aufnehmen und spiegeln. Sie sind für mich aber auch ein Ausdruck der Selbstbestimmung und Freiheit. Sie haben zwar ihre eigenen Vorstellungen, wie ihr Leben aussehen soll, können zeitgleich aber sehr innige Beziehungen zu uns Menschen aufbauen.

Dieses Buch soll dabei helfen, die Beziehung zwischen dir und deiner Katze zu vertiefen. Dafür bilden wir mit dem 1×1 der Katzenhaltung eine gute Grundlage und erkunden die Vorlieben und Bedürfnisse unserer Katzen. Um unsere Haustiere zu verstehen, entschlüsseln wir ihre Körpersprache und ihre Laute. So können wir vielen Missverständnissen aus dem Weg gehen. Und da Katzen glücklich sind, wenn sie ausgelastet sind, gibt es die besten Tipps für gutes Spielen. Um eure Beziehung aktiv zu stärken, erlernen wir Schritt für Schritt, wie du aktiv mit deiner Katze trainieren kannst.

Und so steht einer innigen Katze-Mensch-Beziehung nichts mehr im Wege!

Das 1x1 der Katzenhaltung

Es ist endlich so weit: Deine Katze ist bei dir eingezogen. Dein wichtigstes Ziel ist jetzt natürlich, dass deine Katze glücklich, gesund und zufrieden ist. Den Bedürfnissen der Katze gerecht zu werden ist manchmal eine echte Herausforderung. Denn unter dem Wort »Bedürfnisbefriedigung« sind nicht nur frisches Wasser, Futtergabe oder die Organisation eines kuscheligen Schlafplatzes für die Katze zu verstehen. Die Wünsche und Must-haves unserer Katzen sind weitaus anspruchsvoller.

Und ganz kurz vorweg: Bedürfnis- und bindungsorientierte Erziehung bedeutet nicht, dass keine Grenzen gesetzt werden oder uns die Katze auf der Nase herumtanzen kann. Dieses Konzept bedeutet vielmehr, dass sowohl die Bedürfnisse der Katze als auch die des Menschen beachtet und insbesondere *ge*achtet werden. Damit das frustfrei (für die Katze *und* dich) funktioniert, sind passende Managementmaßnahmen nötig, auf die ich in den weiteren Kapiteln eingehen werde.

Neben den individuellen Bedürfnissen deiner Katze sollten bestimmte grundlegende Ressourcen erfüllt sein. Dazu gehören Sicherheit und Kontrolle, was durch ein gutes Wohnraummanagement erreicht werden kann, eine ausgewogene und hochwertige Ernährung, mentale und körperliche Beschäftigung und gesundheitliche Check-ups. Auch Beziehungen spielen im Leben der Katze eine bedeutende

Rolle. Eine innige Freundschaft von Mensch und Katze sowie Katze und Katze steigert die Lebensqualität. Eine gute Mensch-Katze-Beziehung hilft, in stressigen Situationen wie zum Beispiel in der Tiermedizinpraxis Sicherheit und Geborgenheit zu vermitteln. Katze-Katze-Freundschaften sind deshalb so wichtig, da Katzen sehr soziale Tiere sind und vom Zusammenleben mit anderen Katzen stark profitieren.

Verhaltens- oder Kommunikationsprobleme entstehen, weil ein oder mehrere Grundbedürfnisse der Katze nicht ausreichend berücksichtigt wurden. Vorstellen kannst du dir das wie einen Akku:

Werden alle Bedürfnisse der Katze befriedigt, ist der Akku voll und im grünen Bereich. Mit vollem Akku führt die Katze ein zufriedenes Leben und kann auf neue Situationen positiv und selbstbewusst reagieren. Wenn die Akkus der Katze nicht geladen, also im roten Bereich sind, und es so zu einem Defizit bei der Bedürfnisbefriedigung kommt, spiegelt sich das direkt im Verhalten wider. Katzen sind leider Meister im Verstecken von Unzufriedenheit oder Krankheiten. Oftmals drücken sie sich dahingehend sehr subtil aus, sodass wir die ersten Warnzeichen nicht wahrnehmen. Katzen tolerieren eine nicht katzengerechte Haltung sehr lange, so lange, bis ein weiterer der Katze zusetzender Stressfaktor hinzukommt und den Akku komplett entleert. Katzen wirken dann gereizter oder scheinen »desinteressiert« oder in manchen Fällen gar »gemein«. Das Verhalten unserer Katzen hat aber nichts mit diesen Gefühlen zu tun. Katzen verfügen über keinen moralischen Kompass und unterteilen ihr Verhalten nicht in »gut« und »böse«. Durch die erhöhte Reizbarkeit beurteilt das Katzengehirn Situationen, die bisher unproblematisch waren, als stark einschränkend oder gefährlich. Die Katze ist so stark gestresst, dass sie jede kleinste Veränderung als für sie negativ beurteilt. Wir als Besitzer*innen müssen hier mit positiven und gewaltfreien Maßnahmen gegensteuern. Passiert das nämlich nicht, dann kann es zu wiederholten aggressiven, ängstlichen oder gleichgültigen Verhaltensweisen kommen, die ohne passendes Training intensiver werden.

Ein kurzes Gedankenspiel:
Du hattest einen harten Arbeitstag und kommst erschöpft nach Hause. Durch deinen Jobwechsel ist es heute nicht das erste Mal, dass du die morgendlichen und abendlichen Spiel- und Kuscheleinheiten mit deinen beiden Katzen auslässt. Als du deine Haustür aufsperrst, laufen dir dein Kater Koda und deine Kätzin Toni bereits in die Arme. Doch du bemerkst, dass sich Toni heute anders verhält. Auch in den letzten Tagen war es so, dass Toni dir gegenüber etwas zurückhaltender war als sonst. Koda hingegen wirkt präsent, er zwängt sich regelrecht zwischen dich und Toni. Du bemerkst außerdem, dass Koda Toni von ihren Lieblingsplätzen verdrängt und das Aufeinandertreffen der Katzen rauer geworden ist. Außenstehende würden das Verhalten von Koda vermutlich als »eifersüchtig« oder »dominant« bezeichnen. Dabei ist es so, dass durch das mehrfache Ausbleiben der Spieleinheiten Folgendes passiert ist:

Kater Koda ist frustriert. Er möchte nun jeden verfügbaren und kurzen Moment mit dir genießen. Er wünscht sich mehr Eins-zu-eins-Zeit mit dir ganz allein und lässt seinen Frust deshalb an Toni aus. Toni hingegen ist verunsichert.

Die täglichen Rituale gaben ihr Struktur und das Gefühl der Kontrolle. Bei beiden sind die Bedürfnisse Kontrolle, Beschäftigung und Beziehungspflege unzureichend befriedigt worden. Das wirkt sich direkt auf die Akkus deiner Katzen aus, die aus diesem Grund im dunkelorangefarbenen Bereich sind. Damit die Akkus wieder aufgeladen werden können und man der Unsicherheit und Frustration aktiv entgegenwirkt, müssen regelmäßig viele positive Erlebnisse stattfinden. Das kann in Form von passiven Futterspielen wie Cat Activity Boards, auch »Fummelbretter« genannt, der Verbesserung des Wohnraummanagements (und somit auch mehr Beschäftigungsmöglichkeiten) und wöchentlichen festen Qualitätszeiten und Ritualen mit jeder Katze geschehen.

Es wäre übrigens nicht realistisch, zu behaupten, dass der Akkuladestand zu jedem Zeitpunkt bei 100 Prozent liegen muss. Das wird aufgrund unseres modernen Lebensstils, also bei einem Vierzig-Stunden-Job, anderen Freizeitaktivitäten und unvermeidbaren Stresssituationen (wie zum Beispiel akuter Krankheit), nicht funktionieren. Viel wichtiger ist es, Strategien zu finden, die das Zusammenleben von Katze-Katze und Katze-Mensch wieder harmonisch gestalten.

Wir als Besitzer*innen sind maßgeblich dafür verantwortlich, dass die Akkus unserer Katzen möglichst immer im grünen Bereich liegen. Deshalb solltest du dir vor der Anschaffung einer neuen kätzischen Mitbewohnerin wirklich klar sein, ob du die finanziellen, mentalen und zeitlichen Möglichkeiten hast, die Bedürfnisse der Katze zu erfüllen und sie glücklich zu machen.

Was Katzen essen – das Futter

Katzen sind Karnivoren, also Fleischfresser. Sie brauchen einen hohen Fleischanteil und eine hochwertige, detailreiche Zusammensetzung des Futters, um artgerecht ernährt zu werden. Gerade die Katzenernährung ist ein wichtiger Aspekt im bedürfnisorientierten Umgang mit Katzen. Eine falsche Ernährung birgt nicht nur gesundheitliche, sondern auch verhaltensbezogene Gefahren. Aus etlichen Studien ist bekannt, dass sich eine Mangel- oder falsche Ernährung der Mutterkatze schon direkt negativ auf die Kitten und deren Auffassungsvermögen und emotionale Stabilität auswirken kann. Beinhaltet das Katzenfutter Zucker und Getreide, kann das zu einem hyperaktiven und andauernd nervösen Verhalten bei Katzen führen.

Grundsätzlich gibt es folgende Möglichkeiten,
die Katze zu füttern:

- Rohfütterung oder Barfen (biologisch artgerechte Rohfütterung)
- Nassfutter
- Trockenfutter

Bei der Rohfütterung wird ein Gemisch aus hauptsächlich frischem Fleisch, Innereien und Knochen gefüttert. Zusätzlich wird das Menü durch ausgewählte Obst- und Gemüsesorten verfeinert. Um den Bedarf der Katze vollständig zu decken, werden Futterzusätze wie zum Beispiel Taurin, Kalzium oder Omega-3-Fettsäuren hinzugefügt. Dadurch hat der oder die Besitzer*in die Gewissheit darüber, was sich tatsächlich im Futter befindet. Obwohl der Umstieg

von Nassfutter auf Barf für die meisten Katzen unproblematisch ist, muss man sich vorab gut in die Materie einlesen. Ein*e Barfernährungsberater*in hilft dir dabei, das Konzept »Barfen« richtig zu beherrschen. Beim Barfen sind regelmäßige medizinische Kontrollen in Form von Blutbildern und Kotproben wichtig, um sicherzustellen, dass deine Katze alle wichtigen Nährstoffe erhält.

Da das Barfen von Katzenbesitzer*innen anfänglich eher als schwierig empfunden wird, greifen viele zu Nass- oder Trockenfutter. Bei beiden Futterarten kann zusätzlich noch zwischen Allein- und Ergänzungsfuttermitteln unterschieden werden. Ersteres ist für den täglichen Bedarf konzipiert, Zweiteres als Snack oder als alternatives Futter für zwischendurch, da hier lebenswichtige Zusätze (wie z. B. Taurin) fehlen. Das Ergänzungsfutter kann/sollte also maximal 20 % der gesamten Futtermenge pro Woche ausmachen.

Ein gutes, hochwertiges Futter ist ganz klar beschrieben und die Inhaltsstoffe sind genau aufgelistet. Der reine Fleischanteil des Nassfutters sollte mindestens 60 % betragen. Zucker und Getreide haben in einem artgerechten Futtermittel nichts zu suchen, denn der Katzenmagen ist nicht darauf ausgelegt, diese Stoffe zu verdauen. Dadurch kann es zu akuten Beschwerden wie Bauchschmerzen oder Hyperaktivität, aber auch zu langfristigen gesundheitlichen Problematiken wie zum Beispiel einer Diabeteserkrankung kommen.

Folgende Nassfutterzusammensetzung gilt als hochwertig:
Huhn (72 %, bestehend aus Muskelfleisch, Herz, Leber und Magen), Hühnerbrühe (21,6 %), Cranberrys (3 %), Karotte (2 %), Mineralstoffe (1 %), Katzenminze (0,2 %), Lachsöl (0,2 %)

Bei der Fütterung mit Trockenfutter wird die Katze mit getrockneten Pellets oder Kroketten gefüttert. Das Trockenfutter bringt zwar Vorteile wie lange Haltbarkeit mit sich, ist als Hauptnahrungsmittel allerdings nicht zu empfehlen. Denn einerseits ist der Feuchtigkeitsanteil bei Trockenfutter in der Regel unter 10 % (bei Nassfutter liegt der Wert bei 70–80 %) und andererseits ist der Kaloriengehalt drei- bis viermal höher als der von Nassfutter. Katzen decken ihren täglichen Flüssigkeitsbedarf hauptsächlich über die Nahrung. Bei einer reinen Trockenfütterung ist das Risiko einer Nierenerkrankung der Katze deutlich erhöht, da die Katze nicht automatisch mehr trinkt. Auch der hartnäckige Mythos, dass sich Trockenfutter positiv auf die Zahnhygiene auswirkt, ist falsch. Ganz im Gegenteil: Trockenfutter kann Zahnproblematiken verschlimmern, da sich kleine Stückchen abspalten und dann zwischen den kleinen Zähnen hängen bleiben können. So als würden wir Menschen durch Kekseessen unsere Zähne reinigen wollen. Trockenfutter ist als Leckerchen für zwischendurch oder als Trainingsleckerchen ideal, aber als tägliches Hauptnahrungsmittel nicht gut. Eine Umstellung von Trocken- auf Nassfutter gestaltet sich für viele Katzenbesitzer*innen kompliziert. Geduld und Durchhaltevermögen

des Menschen sind bei einer Futterumstellung das Wichtigste. Es ist eigentlich genau wie bei uns: Eine nachhaltige Änderung unserer Ernährung fällt sicherlich dem einen oder der anderen schwer.

Tipps zur Futterumstellung von Trocken- auf Nassfutter:

- einen flachen Teller benutzen, der leicht erwärmt wurde (z. B. in der Mikrowelle)
- Trockenfutter mit sehr warmem Wasser aufweichen
- nun in kleinen Schritten Nassfutter untermischen

Der Katzennapf wird bei jeder Fütterung mit etwas mehr neuem Futter gefüllt, sodass das neue Futter (hochwertiges Nassfutter) das alte Futter (Trockenfutter, Nassfutter) ersetzt. Katzen sind bekanntlich Gewohnheitstiere, je nachdem, wie lange die Katze schon minderwertiges Katzenfutter erhalten hat, kann dieser Prozess mehrere Wochen oder Monate dauern.

Schließlich haben Katzen Vorlieben, und es gibt unter Katzen regelrechte Trockenfutterjunkies. Diese Vorlieben betreffen auch die Häufigkeit, Form und Art von Fütterung, Futternapf oder Futterplatz. Gerade die Häufigkeit der Fütterung und ihre Form können die Lebensqualität der Katze erheblich steigern. Zu wenig Futter und ständiger Hunger können zu chronischem Stress und daraus resultierend zu einer schlechten Gruppendynamik im Mehrkatzenhaushalt, Spannungen in der Mensch-Katze-Beziehung und zu gesundheitlichen Problemen führen.

Es gibt drei Formen der Fütterung:

- Ad-libitum-Fütterung (Sattfütterung)
- restriktive Fütterung
- Fütterung auf Verlangen

Unter Ad-libitum-Fütterung versteht man, dass ein permanenter Zugang zu (kleinen) Futterportionen sichergestellt wird. Das Futter wird regelmäßig ausgetauscht, bleibt somit frisch und attraktiv für deine Katze. Diese Form der Fütterung ist bei Katzen besonders beliebt, da die Ressource »Futter« immer verfügbar ist und dadurch ein möglicher Stressfaktor im Leben der Katze vermieden wird.

Die restriktive Fütterung ist die am häufigsten vorkommende Form der Fütterung. Hier wird das Futter begrenzt und zu bestimmten Uhrzeiten angeboten. Durch den modernen Lebensstil und Arbeitsalltag ist es für Besitzer*innen weitaus einfacher, zwei bis drei Mahlzeiten am Tag in Zeitfenstern anzubieten. Die Katze erhält zum Beispiel um 06:00 und um 18:00 Uhr ihre Futtereinheit. Diese Fütterung scheint zwar auf den ersten Blick praktisch, für die Katze hingegen ist eine restriktive Fütterung nicht angenehm. Katzen sind Häppchenfresser und keine Schlingfresser, sie bevorzugen mehrere kleinere Mahlzeiten am Tag. In freier Wildbahn jagen und fressen Katzen täglich zwischen zehn und zwanzig Beutetiere wie Mäuse, Ratten, kleinere Insekten und manchmal auch Vögel. Die restriktive Fütterung ist nicht auf dieses Verhalten ausgelegt und kann daher Stress verursachen. Zudem ist die Katze darauf angewiesen, alle vier bis fünf Stunden Futter zu Verfügung zu haben. Sind die Fütterungsabstände zu lang, kann das gesundheitliche Folgen haben. Nach fünf Stunden ohne Futteraufnahme sinkt

der Säuregehalt des Katzenurins, und das kann auf Dauer die Wahrscheinlichkeit von Erkrankungen der Harnwege (z. B. Harnsteinen) erhöhen.

Tatsächlich »hungern« Katzen täglich, wenn sie keinen regelmäßigen Zugang zu Futter haben, denn ihr Stoffwechsel ist nicht darauf ausgelegt, zwei Mahlzeiten am Tag über eine lange Zeitspanne zu verarbeiten. Es wird also nicht nur die körperliche Gesundheit, sondern auch das psychische Wohlbefinden beeinträchtigt. Katzen, die restriktiv gefüttert werden, neigen zu Schlingverhalten, erhöhter Reizbarkeit und geringer Frustrationstoleranz. Das schlägt sich direkt in den Beziehungen (Mensch-Katze, Katze-Katze) nieder.

Die Sorge, dass eine Ad-libitum-Fütterung zu Übergewicht bei Katzen führt, ist verständlich, aber wissenschaftlich nicht belegt. Adipositas ist ein komplexes Thema und tritt bei Katzen normalerweise aufgrund von Krankheit, bisher schlechter Erfahrung mit Futter und zu wenig körperlicher Beschäftigung auf. Im Unterschied zu einer Adlibitum-Fütterung kann eine restriktive Fütterung eher zu Übergewicht führen. Durch die Knappheit ist das Risiko von Schlingen erhöht, wodurch das Sättigungsgefühl gestört wird. Die Katze hat demnach fast immer ein Hungergefühl. Dadurch ist auch das Risiko, dass die Katze Unverdauliches frisst, gegeben.

Katzen aus dem Tierschutz neigen eher dazu, das Futter auf einmal zu verschlingen. Sie haben in vielen Fällen gelernt, dass Futter eine begrenze Ressource ist. Hier kann folgendes Training gestartet werden: Die Katze erhält eine

Kombination aus allen Fütterungsformen. Einerseits ist immer Futter zur Verfügung (ad libitum), andererseits kommt ein zeitgesteuerter Futterautomat (restriktive Fütterung) zum Einsatz. Zudem erhält die Katze frisches Futter, wenn ihr deutlich anzusehen ist, dass sie hungrig ist. Dieser Lernprozess ist wichtig, um der Katze einen positiven Zugang zu Futter zu vermitteln. Dieses Training kann je nach Katze Wochen oder Monate dauern und dann z. B. durch eine Ad-libitum-Fütterung ersetzt werden. Eine rein restriktive Fütterung ist bei diesen Katzen nicht sinnvoll.

Wenn es nicht möglich ist, die Katze in regelmäßigen Abständen und öfter als fünf Mal am Tag zu füttern, stehen als Abhilfe die zeitgesteuerten Futterautomaten zur Verfügung. Sie können morgens und abends befüllt werden und öffnen sich je nach Einstellung alle paar Stunden. In Kombination mit chipgesteuerten Futterautomaten, aus denen nur die jeweils mit Chip registrierte Katze fressen kann, können das Futtermanagement optimiert und das Stressniveau gesenkt werden. Leider sind aktuell noch keine zugleich zeit- und chipgesteuerten Futterautomaten auf dem Markt.

Eine weitere Form des Fütterns ist das Füttern auf Verlangen. Die Katze ist direkt vom Menschen abhängig und macht deutlich, unter anderem mit lautstarkem Miauen oder Kratzen an Tapete oder Türen, wenn sie hungrig ist. Diese Form der Fütterung kann bei zu spätem Erkennen der individuellen Hungersignale zu Frust und Stress bei den Katzen führen.

Wie wichtig die Präsentation des Futters ist, ist vielen Katzenbesitzer*innen nicht wirklich bewusst. Die Wahl des Fut-

terplatzes und des Napfes sowie das Zerteilen des Futters im Napf sind für die Katze von großer Bedeutung. Es sollte ein fester Futterplatz vorhanden sein, der geschützt ist. Freilebende Katzen fressen selten die gefangene Beute direkt an Ort und Stelle – außer sie haben wirklich sehr großen Hunger –, sie bringen das Tier nach Hause, um es dort in Ruhe zu verspeisen. Ein gleichbleibender Platz für die Hauptmahlzeiten gibt Struktur und das Gefühl von Kontrolle. Erwachsene Katzen jagen und fressen allein und nicht mit anderen Katzen gemeinsam. Deshalb ist eine Gruppenfütterung bei den Hauptmahlzeiten nicht zu empfehlen und stärkt die Beziehungen unter den Katzen nicht. Bei gemeinsamer Fütterung gibt es auch keinerlei Indizien dafür, wie gut oder schlecht die Gruppendynamik ist. Fressen ist lebensnotwendig, darum fressen Katzen auch zusammen, wenn sie sich nicht gut verstehen, da sie keine andere Wahl haben. Die Katze kann in einen inneren Konflikt mit sich selbst kommen, wenn ihr keine Alternative angeboten wird. Das stresst sie, und sie zeigt in Folge ein sehr hastiges Fressverhalten oder das Wegtragen von einzelnen größeren Futterstücken an einen anderen, für sie sicheren Ort. In der Praxis kann dieses Problem behoben werden, indem die Katzen räumlich getrennt gefüttert werden oder eine Sichtbarriere zwischen den Futternäpfen aufgestellt wird.

Futternäpfe gibt es heutzutage in verschiedenen Ausführungen. Katzen bevorzugen flache und große Näpfe, sodass die Vibrissen, also die Schnurrhaare, den (erhöhten) Rand des Napfes nicht berühren. Vibrissen sind dreimal tiefer in das Nervengewebe eingebettet als das übrige Fell der Katze, weshalb das Berühren bestimmter Gegenständen unangenehm sein kann. Man glaubt es kaum, aber neben dem

Material des Napfes, wie zum Beispiel Keramik, Plastik oder Glas, ist auch die Farbe bedeutend. Sehr dunkle Farben können Katzen schwer einschätzen und auf sehr sensible Katzen erstmal gruselig wirken. Das Futter sollte nicht flach in den Napf gedrückt, sondern zu einem kleinen Türmchen gebaut werden. Für eine bessere Futteraufnahme kann ein Schuss heißes Wasser über das Katzenfutter sorgen.

Als Katzenbesitzer*in solltest du mit drei bis fünf Katzenfuttermarken (Alleinfutter und Ergänzungsfutter) rotieren, damit der Bedarf deiner Katze(n) in jedem Fall ausreichend gedeckt wird.

Für die perfekte Futtergabe wird das Futter auf einem hellen, flachen Dessertteller oder Teeuntersetzer aus Keramik mit Zimmertemperatur aufgetischt. Nassfutter direkt aus dem Kühlschrank finden Katzen nicht so toll, da kaltes Futter zu Verdauungsproblemen führen kann. Für etwas Abwechslung und mentale Stimulation kann das Futter in unregelmäßigen Abständen mit mehr/weniger Wasser gestreckt oder in kleine/große Stückchen zerteilt werden.

Bei jungen Katzen macht es aus erzieherischer Sicht Sinn, dass sie verschieden verarbeitete Nassfuttersorten (Texturen wie Paste, Sauce, Ragout ...), Futternäpfe und -plätze kennenlernen. So ist der Grundstein für eine stressfreie Fütterung und eine spätere problemlose Umstellung gelegt. Katzen fressen hauptsächlich und am liebsten das, was sie während der Sozialisierungsphase kennengelernt haben.

Bei Katzen aus dem Tierschutz kann das herausfordernd sein, aber Tierschutzkatzen können mit viel Geduld und kleinschrittigem Training an hochwertiges Futter gewöhnt werden.

Bei der Wassergabe ist darauf zu achten, dass das Wasser nicht direkt neben dem Futter steht, da der Geruch des Futters das geruchlose Wasser überdecken kann, zudem fressen Katzen in freier Wildbahn nicht dort, wo getrunken wird, um keine potenziellen Feinde anzulocken. Die Wasseraufnahmemöglichkeit sollte nicht auf einen Napf beschränkt werden, ein vielfältiges Angebot an verschiedenen Trinkmöglichkeiten steigert das natürliche Trinkverhalten. Mittlerweile gibt es strombetriebene Trinkbrunnen, die den herkömmlichen Wasserhahn, der für viele Katzen die ideale Trinkstelle ist, nahezu perfekt imitiert. Viele Katzen trinken gerne erhöht und mit Aussicht auf ihr Revier, in der Nähe einer Knabbermöglichkeit. Mehrere Katzengrassorten neben einer Trinkquelle nehmen Katzen sehr gerne an. Katzengras ist ein weiteres Must-have in einem Wohnungskatzenhaushalt. In manchen europäischen Ländern, wie zum Beispiel Österreich, sind die Gabe und der uneingeschränkte und ständige Zugang zu Katzengras sogar im Tierschutzgesetz verankert. Und das nicht nur, da es die wichtige Folsäure, die für das Wachstum der Katze und die Produktion von roten Blutkörperchen verantwortlich ist, enthält. Durch das Fressen von Katzengras, reinigen Katzen ihren Magen und können Haarballen besser Verdauen. Zudem befriedigt das Fressen von Katzengras das natürliche und manchmal sehr stark ausgeprägte Knabber- und Kaubedürfnis. Regelmäßiges Erbrechen nach dem Fressen von Katzengras ist kein katzentypisches Verhalten, sondern eine Verhaltensauffälligkeit, die tiermedizinisch untersucht werden sollte.

Sicherheit und Kontrolle – der Wohnraum

Katzen sind sehr stark an ihre Umgebung gebunden und fühlen sich in den eigenen vier Wänden am wohlsten. Das Wohnraummanagement deckt Bedürfnisse wie Sicherheitsgefühl, stressfreie Kommunikationsmöglichkeit oder die körperliche und mentale Stimulation ab. Ein sicheres und katzenfreundliches Lebensumfeld dient der Stressreduktion und macht die Katze mutig. Zudem beinhaltet ein gutes Wohnraummanagement strategisch gut platzierte Markierstellen, die die Katze zur Kommunikation mit anderen Tieren nutzen kann. Je besser das Wohnraummanagement ist, umso besser und deutlicher kann sich die Katze uns gegenüber äußern. Verschiedene Markierstellen (Kratzstellen, Möglichkeiten, den Kopf an Gegenständen zu reiben) sind im Wohnraum hilfreich, um Informationen mit anderen Lebewesen auszutauschen. Diese klare Kommunikationsart kann die Gruppendynamik im Mehrkatzenhaushalt unterstützen und Gruppenstress verringern.

Es darf nicht vergessen werden, dass heutzutage viele Katzen in Wohnungshaltung leben. In freier Wildbahn jagen Katzen im Durchschnitt mehr als vier Stunden am Tag. Diese Zeit muss bei Katzen, die in reiner Wohnungshaltung leben, durch uns oder unser Wohnraummanagement ausgefüllt werden. Die Vorstellung, dass eine glückliche Katze nur auf dem Sofa döst und sich über gemeinsame Kuscheleinheiten freut, ist falsch. Katzen wollen beschäftigt wer-

den. Ein artgerechter Lebensraum ist die beste Prävention, um das Risiko von Verhaltensproblematiken zu verringern. Die reine Wohnraumfläche ist für Katzen übrigens zweitranging, viel wichtiger ist die Gestaltung. Eine Katze, die auf 100 qm lebt, aber keine katzengerechten Ausblickmöglichkeiten, Futterspiele oder Ähnliches hat, wird ein weniger zufriedenes Leben führen als eine Katze, die zwar auf 50 qm lebt, dafür aber in einem an die Katze angepassten Lebensraum. Da die Katze die Gestaltung des Wohnraumes leider nicht mitbestimmen kann, zeigt sie mitunter katzentypische Verhaltensweisen, die wir manchmal als störend wahrnehmen. Das Kratzen, um die Krallen zu schärfen, ist hier ein gutes Beispiel.

Ein kurzes Gedankenspiel

Du kommst etwas später als sonst nach Hause, deine Katze begrüßt dich und kratzt anschließend an deinem neu gekauften Sisalteppich im Vorzimmer. Deine Katze zeigt dieses Verhalten nicht, weil sie nachtragend ist, sondern aus zwei Gründen. Der erste ist die Geruchsüberdeckung durch die Duftdrüsen und der zweite ist ein Ausdruck der Freude, weil du gerade nach Hause gekommen bist.

Das Kratzen an Gegenständen ist ein oft unterschätztes Bedürfnis, damit drückt sich die Katze gerne aus. Denn das Kratzen ist zwar in erster Linie für das Schärfen der Krallen und das Abstreifen der Krallenhüllen nützlich, spielt aber auch bei der Kommunikation mit anderen Tieren oder uns Menschen eine sehr bedeutende Rolle. Durch die Duftdrüsen, die direkt unter den Pfoten sitzen und Pheromone absondern, hinterlassen Katzen Botschaften für andere Tiere wie zum Beispiel »Hier wohnt Emely und ist zufrieden«. Da diese speziellen Kratzpheromone nicht besonders intensiv riechen, setzen Katzen durch das Zerkratzen zusätzlich eine optische Markierung.

Vielen Katzen wird unterstellt, dass sie bestimmte Dinge durch ihr Kratzverhalten gerne und bewusst zerstören. Diese Behauptung trifft insoweit zu, als das optische Markieren frustsenkend wirkt und zum Sicherheitsbedürfnis und Wohlbefinden der Katze beiträgt. Kratzstellen sollten sich daher nicht nur auf Sisalkratzstämme beschränken. DIY-Kratzzonen wie Korkplatten, Gymnastikmatten oder Kratzpappen nehmen die meisten Katzen dankbar an. Der Vorteil hier ist, dass die Katze bei diesen Materialien sehr schnell ihren eigenen Erfolg sieht.

Auch wenn es in unserem Wohnraum nicht ganz so ästhetisch und schön wirkt, sollten fast kaputt gekratzte, aber noch intakte Kratzstellen nicht sofort ersetzt werden. Stell dir vor, du malst über Wochen hinweg ein Gemälde. Du schenkst es deinen*r Freund*in und diese*r hängt das Bild in der Wohnung auf. Bei deinem nächsten Besuch findest du das Bild nicht mehr, da dein*e Freund*in es in die Mülltonne entsorgt hat. Das löst bei dir Frust, Vertrauensschwund und Unsicherheit aus. Deiner Katze ergeht es genauso, wenn du ihre Lieblingskratzstellen wegnimmst.

Ob die Katze die bereitgestellten Kratzmöglichkeiten nutzt oder nicht, hängt nicht nur von Material oder Vorliebe, sondern vielmehr von der Positionierung ab. Kratzmög-

lichkeiten müssen aus Katzensicht logisch platziert sein. Steht der einzig verfügbare Kratzbaum in einem Zimmer, das von den Halter*innen selten benutzt wird, wird die Katze wohl lieber am Sofa kratzen, da dieser Raum täglich und gerne vom Menschen benutzt wird. Aus Sicht der Katze macht es hier Sinn, eine Markierstelle zu setzen. Durch die Anpassung der Kratzmöglichkeiten kann man Kratzen an unerwünschten Stellen gut entgegenwirken. Zum Beispiel sind Kratzmöglichkeiten in der Nähe oder oberhalb von Schlafplätzen sehr empfehlenswert. Nach dem Schlafen strecken sich Katzen gerne, ein Kratzbrett schafft Abhilfe, da dieses Strecken häufig in ein kurzes, aber intensives Kratzverhalten übergeht. Katzen bevorzugen übrigens auch Kratzbäume, an denen sie sich problemlos hochstrecken können. Daher sollten zwischen der sich streckenden Katze und dem nächsten Kratzbrett mindestens 30 cm Abstand liegen.

Ein guter Kratzbaum sieht folgendermaßen aus:

- kein Plüsch, aber dicke und stabile Kratzstämme
- nicht zu verschachtelt, aber freie Stämme und verschieden ausgerichtete Ebenen
- kein hängendes Spielzeug, das kann zu Verletzungen führen

Katzen kratzen gerne:

- Durch das Kratzen kann die Katze eine Vielzahl an Gefühlen wie Freude, Ärger oder Frust ausdrücken.
- Katzen kratzen gerne auf dem Weg zwischen Schlafplatz und Futterplatz.

- Katzen kratzen nicht nur in die Höhe, sondern gerne auch am Boden, daher sollten sowohl vertikale als auch horizontale Möglichkeiten in den Wohnraum integriert werden.
- Manche Katzen ziehen Textilien und verschiedene Holzelemente als Lieblingskratzstellen vor.

Erhöhte Kratzstellen sind ideal, um der Katze Überblick über den gesamten Raum oder auch Ausblick aus dem Fenster zu gestatten. Der Weg auf das Fensterbrett sollte einfach gestaltet werden, sodass auch ältere und sehr junge Katzen problemlos hinausschauen können. Der Ausbau der sogenannten dritten Ebene mithilfe von Catwalks vermittelt nicht nur Sicherheit, sondern eine Menge Spaß. Mit wenigen Regalbrettern an der Wand in Kombination mit gesicherten Schränken und deckenhohen Kratzbäumen entsteht ein Kletterparadies für Katzen in der Höhe. Dabei ist immer zu beachten, dass die Sprung- und Landeflächen mit Antirutschmatten beklebt sind. Auch sollte es mehr als einen Ausweg in nur eine Richtung geben. Katzen sollten allgemein im Wohnraum mehrere Fluchtwege in die Höhe haben, das ist vor allem im Zusammenleben mit anderen Tieren wie zum Beispiel Hunden vorteilhaft. So können sich Katzen bei Gefahren oder bei Unsicherheit in eine für sie sichere Zone begeben.

Auch die unterste Ebene solltest du für deine Katze interessant gestalten. Verschiedene Tunnel und Kartons können den Alltag der Katze spannender machen und sind ideal, um Beschäftigungsroutinen aufzubauen.

Darum liebt deine Katze Kartons: Ein Karton und eine Katze kommen selten allein. Katzen bevorzugen Kartons gegenüber anderen Schlafplätzen, da sie sich durch die Wände geschützt fühlen. Sie können sich darin verstecken, die Welt beobachten, ohne gesehen zu werden. Der begrenzte Raum, den die Katze durch geschickte Schlafpositionen ausfüllen kann, trägt zur Wärmespeicherung und zum Sicherheitsgefühl bei. Außerdem knabbern viele Katzen äußerst gerne an dem Karton, das dient – sofern keine gesundheitliche Ursache wie Zahnerkrankungen bekannt ist – dem Stressabbau.

Die Schlafplätze der Katze sollten gut gewählt sein. Katzen schlafen gerne in Höhlen, eine große Auswahl an verschiedenen Höhlen sollte in jedem Katzenhaushalt vorhanden sein. Dennoch sollten Schlaf- und Entspannungsplätze nicht nur an ruhigen Orten, sondern auch im Zentrum der Wohnung bereitgestellt werden, damit die Katze am Leben ihrer Menschen teilhaben kann. Das Schlafverhalten der Katze ist sehr interessant. Der Mythos, dass Katzen nur faul herumliegen und schlafen, gibt nicht die Realität wieder. Und falls doch, sollte schnell tiermedizinischer Rat gesucht werden, da Lethargie und Antriebslosigkeit Zeichen einer ernsthaften Erkrankung sein können. Katzen schlafen zwischen zwölf und vierzehn Stunden am Tag. Aus dem Schlafverhalten selbst kann auch auf die aktuelle Emotionslage der Tiere geschlossen werden. Schläft die eigene Katze plötzlich versteckt und stark eingerollt, kann es sein, dass es ihr aktuell psychisch und körperlich nicht gut geht. Schläft sie hingegen im offenen Raum, mit ausgestrecktem Körper, zeigt das ein großes Selbstbewusstsein. Katzen passen sich mit dem Schlafverhalten an uns Menschen an, die aktiven Phasen haben Katzen also dann, wenn ihre Bezugsperson zu Hause ist. Daher sind zeitliche Strukturen und eine gewisse Vorhersehbarkeit für die Katze wichtig.

Struktur kann durch zeitlich geregelte Spiel-, Clickertrainingseinheiten oder andere Routinen gegeben werden. Die körperliche wie auch mentale Beschäftigung von Katzen ist für die Mensch-Katze-Beziehung, die Katze-Katze-Beziehung und allgemein für das Wohlbefinden wichtig. Katzen, die intensiv beschäftigt werden, sehen neuen Veränderungen offener und selbstbewusster entgegen. Katzen sind Tiere, die gerne das Gefühl von Kontrolle haben. Diese Selbstkontrolle erlangen sie im mentalen Training und das sorgt für etwas mehr Selbstsicherheit. Im belohnungsbasierten und bedürfnisorientierten Training können so auch Bewältigungsstrategien und Lösungen aktiv eintrainiert werden, um problematisches Verhalten zu mindern. Das Bedürfnis nach körperlicher Beschäftigung kann durch Catwalks, viele Kratzmöglichkeiten, Tunnel oder sogar extra große Katzenlaufräder befriedigt werden. Bei der mentalen Beschäftigung gestaltet sich das etwas komplizierter. Hier sind wir als Besitzer*innen die treibende Kraft. Wir können zum Beispiel verschiedene Cat Activity Boards befüllen oder aktive Trainingsspiele mit Clickertraining anbieten. Im Kapitel »Spiele und Training« werden wir näher darauf eingehen.

Zu einem Wohnraummanagement, das den Akku deiner Katze grün aufleuchten lässt, gehört auch ein sehr gutes Katzenklomanagement. Dabei sind nicht nur die Anzahl der

Katzenklos, sondern auch der Standort, die Art der Toilette und die Katzenstreu wichtig. Viele Unsauberkeitsproblematiken sind darauf zurückzuführen, dass die Katzentoilette nicht (mehr) den Bedürfnissen der Katze entspricht. Bei den Problemlösungen am Ende des Buches erfährst du mehr dazu.

Die Auswahl von Katzentoiletten ist mittlerweile riesig, doch selten gibt es katzengerechte Toiletten zu kaufen. Die XXL-Katzenklos für große Katzenrassen wie z.B. Maine Coon haben eigentlich die Mindestgröße für normale Hauskatzen. Eine gute Katzentoilette sollte offen, also nicht überdacht, sein, einen niedrigen Einstieg haben und vor allem mindestens 20 cm länger als die Katze selbst sein. Große Stapelboxen oder niedrige Aufbewahrungsboxen sind nicht nur günstiger, sondern auch katzenfreundlicher.

Bei einer normalen 4 kg schweren Hauskatze wären die ideale Maße einer Katzentoilette also 80 cm x 55 cm.

Ein weiterer Fakt wird bei Katzentoiletten fast immer vergessen: Katzen sind keine Höhlenpinkler. Katzen bevorzugen zwar einen ruhigen Ort, um Kot oder Urin abzusetzen, sie wollen aber dennoch den Überblick behalten können. Weitsicht bevorzugt die Katze immer, da diese ihr ermöglicht, bei Gefahr schnell flüchten zu können. Katzen fühlen sich in Haubentoiletten oder sogenannten Hop-in-Klos nicht sicher. Ganz im Gegenteil, stehen nur überdachte Katzentoiletten zur Verfügung, kann das Stress verursachen. Zudem kann es im Mehrkatzenhaushalt zum sogenannten

Klomobbing führen. Dabei lauert eine Katze der anderen Katze auf und fängt sie nach dem Toilettengang ab. Das passiert in vielen Fällen aus Langeweile, ein gutes Katzenklomanagement und zusätzliche Beschäftigungsmöglichkeiten können diesem Verhalten entgegenwirken. Auch der Standort der Katzentoilette ist ein entscheidender Faktor. Auf jeder Wohnebene sollten mindestens zwei Katzentoiletten stehen. Die Toiletten sollten nicht in einer Abstellkammer oder in einem Eck, zu dem es nur einen Eintritt gibt, positioniert sein. Denn auch das kann Klomobbing fördern.

Grundsätzlich gilt immer, dass mindestens eine Toilette mehr im Haushalt verfügbar sein sollte, als Katzen im Haushalt leben. Bei drei Katzen wären das also vier Katzentoiletten. Das ist hier tatsächlich nur eine Mindestanzahl, es macht durchaus Sinn, für sehr sensible Katzen oder vor kommenden stressigen Situationen (z. B. Umzug, neue Möbel, Zuwachs) weitere Katzenklos aufzustellen. Außerdem setzen Katzen Urin und Kot getrennt voneinander ab, daher ist ein vielfältiges Katzenkloangebot von großer Bedeutung. Dabei ist zu beachten, dass die Toiletten nicht direkt nebeneinander an einem bestimmten Ort stehen, sondern verteilt im Lebensraum der Katze aufgestellt werden. Ständen die Toiletten direkt nebeneinander, wäre es aus Katzensicht einfach nur eine große Toilette.

Bei der Auswahl der Katzenstreu stehen Besitzer*innen viele Möglichkeiten offen. Katzen bevorzugen sehr feine und duftfreie Streu. Die Katzenpfötchen sind sehr sensibel, ist die Toilette mit grober Streu gefüllt, kann das zu Schmerzen und in weiterer Folge zu einer Katzenkloaversion führen.

Die Optimierung des Katzenklomanagements steigert

die Lebensqualität der Katze. Denn wenn die Katze stressfrei Urin und Kot absetzen kann, sinkt auch das Risiko von Verhaltensproblematiken.

So merkst du, dass die Katze mit deinem Katzenklomanagement unzufrieden ist:

- ständiges Umherdrehen in der Katzentoilette
- ewiges (und fast ziellos wirkendes) Scharren in der Box
- kein Verdecken des Kots/Urins
- Herausspringen oder auch -sprinten aus der Katzentoilette
- Aufsuchen des Katzenklos nur dann, wenn der oder die Besitzer*in auch zu Hause ist
- Meiden der Katzentoilette

Das Management muss allerdings im Laufe eines Katzenlebens angepasst werden. Die Anforderungen einer älteren oder sehr jungen Katze an ihr Katzenklo sind um einiges höher.

Beziehungen und Freundschaften

Beziehungen und Freundschaften tragen einen Großteil zum psychischen Wohlbefinden von Katzen bei. Katzen können sich nicht selbstständig ihre Besitzer*innen oder tierischen Mitbewohner*innen aussuchen. Eine dysfunktionale Gruppendynamik kann zu Abschirmung und extremem Rückzug führen, das wiederum beeinträchtigt die Lebensqualität der Katzen sehr stark. Daher müssen wir dafür sorgen, dass die Beziehungen zwischen Mensch und Katze oder Katze und Katze oder Katze und Hund gepflegt werden. Freundschaften unter Katzen sind besonders wichtig. Katzen sind keine geborenen Einzelgänger. Jede Jungkatze, die bisher keine negativen Erfahrungen mit anderen Tieren gemacht hat, kann in einer gut funktionierenden Katzengruppe mit genügend menschlicher Ansprache und vorhandenen Katzenmöbeln gehalten werden. Wir Besitzer*innen machen Katzen zu Einzeldiven, indem wir sie jahrelang ohne kätzische*n Partner*in halten. Wildlebende Katzen schließen sich aber gerne anderen Katzen an, insbesondere weibliche verwandte und unkastrierte Katzen schließen sich oft zu einer Gruppe zusammen. Sie versorgen gemeinsam ihre Katzenwelpen und verteidigen ihr Revier gegenüber Feinden. Auch »intakte« Kater schließen sich oftmals zu Katergemeinschaften zusammen.

Kastrierte Katzen sind sehr sozialfähig. Sie entwickeln häufig sehr innige und vertraute Freundschaften zu anderen Katzen.

Übrigens kann ein Hund oder ein anderes nicht kätzisches Haustier kein*e adäquate*r Sozialpartner*in sein. Du solltest daher auf keinen Fall glauben, dass dein Hund (oder auch du selbst) eine zweite Katze ersetzen kann, denn beide Arten kommunizieren auf ganz eigene Weise. Sie müssen die andere Sprache des jeweils anderen erst einmal erlernen. Das erfordert viel Geduld, belohnungsbasiertes Training und gutes Wohnraummanagement.

Doch auch Katzen dürfen nicht »zusammengewürfelt« werden in der Hoffnung, dass sie sich schon verstehen werden. Denn wer die Meinung vertritt, dass sich alle Tiere untereinander auf den ersten Blick verstehen werden und Konflikte selbstständig lösen können, liegt falsch. Bevor ein weiteres Tier einzieht, muss gut vortrainiert werden. Eine Vergesellschaftung braucht Zeit und kann sich über wenige Wochen bis hin zu mehreren Monaten erstrecken.

In jeder Katzengruppe gilt: Wenn du dir unsicher bist, ob sich deine Katzen während deiner Abwesenheit verstehen, solltest du sie räumlich trennen und dir professionelle Hilfe suchen.

Bei Katzen gibt es keine absolute Rangordnung. Es existiert nicht die »Chef*in-Katze«. Katzen haben eine relative Hierarchie, die nicht festgelegt ist. Diese Ordnung ist situationsbedingt.

Ein kurzes Gedankenspiel:
Katze Koda liegt durchgehend auf dem Fensterbrett und spioniert die Nachbarschaft aus. Wenn Katze Toni hinzukommt, wird dieser Platz von Koda verteidigt. Toni hat absolut keine Chance, diesen Platz zu ergattern, außer Koda schläft auf der Kratzbaumfläche. Das passiert fast jeden Tag zwischen 14:00 und 16:00 Uhr. Der Platz von Koda wird situations- und in diesem Fall auch zeitabhängig benutzt. Die Katze Koda ist in dieser Gruppe nicht der Chef, er hat nur den Vortritt am Fensterbrett. Im Gegenzug dazu hat auch

Katze Toni einen Lieblingsplatz, den Koda nicht benutzen darf.

In dem beschriebenen Beispiel existieren genügend Ressourcen, sodass es nicht zu Streitigkeiten kommt. Jedes Individuum braucht einen eigenen Rückzugsort und Qualitätszeit mit uns Menschen. Beziehungen funktionieren dann nicht, wenn alle Ressourcen (wie Futter, Kratz-, Spiel-, Schlafmöglichkeiten) knapp sind. Dadurch sinkt der Akku der Katze und die Katze reagiert gereizt. Je grundentspannter die Katze ist, umso inniger sind die Freundschaften untereinander.

Wir als Katzenbesitzer*innen sind für die Wahrung der individuellen Grenzen unserer Katzen verantwortlich. Durch Umorientierungssignale und Entspannungssignale (siehe Kapitel »Training: So klappt's«) können wir Konflikte auflösen.

Katzen sind in ihrer Meinung über andere selten festgefahren. Fast immer kann die Beziehung gestärkt und verbessert werden. Leider gibt es auch Ausnahmefälle, in denen Katzen aufgrund von traumatischen Erlebnissen (wie z. B. extremer Aggression) panische Angst vor Menschen oder anderen Tieren entwickelt haben. Katzen, die schon beim kurzen Anblick einer anderen Katze extrem gestresst und hochaggressiv wirken, führen kein zufriedenes Leben. In solch einem Fall muss geprüft werden, ob der aktuelle Lebensstil für die Katze passend oder ob eine Umplatzierung in ein anderes Zuhause nötig ist. Abhängig sind Beziehungen also von bis-

herigen Lernerfahrungen und der Sozialisierung der Katze. Katzen, die mit der Flasche und ohne Geschwister aufgezogen worden sind, haben tendenziell eine eher geringe soziale Kompetenz (und weitere Defizite wie z. B. eine geringe Frustrationstoleranz). Genauso ergeht es Katzen, die sehr jung von der Mutterkatze getrennt worden sind. Katzenwelpen sollten im besten Fall bis zur 16. Lebenswoche mit ihrer Familie verbringen. Der Umgang mit Geschwistern lehrt wichtige Lebensfähigkeiten wie Impulskontrolle.

Die Beziehung zu uns Menschen ist auch abhängig davon, wie wir uns der Katze gegenüber verhalten. Menschen können als Feinde, Futterautomaten oder auch wichtige Partner*innen gesehen werden. Bei einer gut sozialisierten Katze hast du es selbst in der Hand, wie dich deine Katze sieht.

Gesundheitliche Vorsorge

Der Gesundheitszustand (psychisch und physisch) spielt nicht nur eine wichtige Rolle in Bezug auf den Beziehungsaufbau, sondern natürlich auch allgemein im Leben der Katze.

Katzen sind Meister im Verbergen von Schmerzen, daher ist ihnen oftmals nicht anzusehen, dass sie Schmerzen haben. Dies darf aber kein Grund sein, zu denken, dass die Katze gesundheitlich topfit ist. Die meisten Verhaltensprobleme entstehen, weil es der Katze körperlich nicht gut geht. Dabei kann die Gesundheit per se der Hauptauslöser sein, in einigen Fällen führt chronisch vorhandener Stress zu körperlichen Erkrankungen. Es ist ein schleichender Prozess und es wird meistens zu spät erkannt, dass die Katze leidet. Das führt dann dazu, dass Verhaltensprobleme plötzlich sehr intensiv gezeigt werden oder die Anforderungen an das Wohnraummanagement seitens der Katze ansteigen. Sprich: Wenn die Katze krank ist, dann ist für sie alles blöd. Die Katze ist dann mit einer tickenden Zeitbombe vergleichbar, der Akku der Katze ist in diesem Fall im orangeroten Bereich, und das durchgehend. Es kann dadurch heftige Auseinandersetzungen zwischen Katze-Mensch oder Katze-Katze geben. Kompletter Rückzug und Teilnahmslosigkeit sind keine Charakterzüge der Katze, sie deuten vielmehr auf eine gesundheitliche Ursache hin. Laut Studien treten bis zu 80 % aller Angst- und Aggressionsauffälligkeiten aufgrund von Schmerzen auf.

Aus Katzenstudien:

9 von 10 Katzen, die 12 Jahre oder älter sind, zeigen im Röntgenbild bereits Anzeichen von Arthrose.

Jede zweite Katze, die über 5 Jahre alt ist, erleidet resorptive Läsionen (FORL, früher Katzenkaries genannt), eine Zahnerkrankung, bei der sich der Zahn und die Zahnwurzel auflösen, was sehr starke Schmerzen verursacht.

Wenn also ein Verhaltensproblem vorliegt, sollte der erste Weg immer in die Tiermedizinpraxis führen, um eine organische Ursache ausschließen zu können. Es empfiehlt sich, jährlich eine allgemeine Untersuchung, Blutbild und Kotprobenanalyse bei Katzen durchführen zu lassen. Je nach Alter sind weitere Untersuchungen wie Herzultra-

schall, Lungenröntgen, Röntgen des Bewegungsapparates oder Zahnröntgen (um resorptive Läsionen auszuschließen) nötig. Eine Katzenkrankenversicherung macht demnach Sinn, um finanzielle Sicherheit zu haben.

Zur gesundheitlichen Vorsorge zählt unter anderem, das Leben der Katze sicher zu gestalten. Balkone oder gekippte Fenster sollten mit einem verstärkten Netz oder Gitter versehen werden, damit sich die Katze nicht verletzen kann. Möchte man der Katze Freigang ermöglichen, sollte vorab geprüft werden, wie hoch das Risiko für Verletzungen, zum Beispiel durch stark befahrene Straßen, ist.

Wir sind für das psychische wie auch physische Wohl unserer Katzen verantwortlich. Wir müssen durch katzenfreundliche Managementmaßnahmen und Optimierung der Lebensumstände die Zufriedenheit und Gesundheit der Katze steigern. Eine Optimierung ist immer möglich, es sind für uns meist Kleinigkeiten, die leicht verändert werden können, durch die sich das Verhalten der Katze nachhaltig zum Positiven verändern lässt.

Die Sprache der Katze

Um Katzen wirklich zu verstehen oder ihre Gefühle und Handlungen positiv begleiten bzw. nachvollziehen zu können, müssen wir die Sprache der Katzen lernen. Kommunikation ist der Schlüssel zum Erfolg für ein harmonisches Zusammenleben und führt zu einem Win-win-Effekt. Katzen sollten nicht erst sehr deutlich oder extrem in ihren Verhaltensweisen uns gegenüber werden müssen, um uns mitzuteilen, was sie stört. Wir können vorab auf ihr Verhalten und ihren emotionalen Zustand eingehen, indem wir ihre Sprache erlernen. Dadurch lassen sich viele störende Verhaltensweisen oder Verhaltensauffälligkeiten frühzeitig erkennen und abtrainieren.

Ein kurzes Gedankenspiel:
Deine Katze Minou legt sich neben dich aufs Sofa. Du streichelst sie zuerst ganz bewusst am Kopf und im Nackenbereich, denn du weißt, dass es ihr dort besonders gefällt. Etwas später wirst du von deinem Smartphone abgelenkt und streichelst deine Katze mehrmals über dieselbe Stelle. Dabei fällt dir leider nicht auf, dass Minou das gar nicht gefällt. Sie wendet ihren Blick ab, ihr Körperschwerpunkt ist nicht mehr zu dir gerichtet. Das Fell beginnt an der intensiv gestreichelten Stelle kurz zu »zucken«, die Rute deiner Katze bewegt sich auf und ab. Dann schnappt Minou nach deiner Hand. Für dich wirkt der Angriff, als sei er aus dem

Nichts gekommen. Dabei hat Minou vorab schon deutlich angezeigt, dass sie das Streicheln nicht mehr gut findet. Da du das Streicheln nicht unterbrichst, sieht sich Minou gezwungen, es selbstständig zu unterbrechen. Passiert dieser Ablauf öfter, dann lernt Minou, dass das Schnappen oder Zubeißen eine gute Strategie ist, um die Handlung ihres Gegenübers zu unterbrechen.

Solche Missverständnisse geschehen täglich und arten im schlimmsten Fall in Verletzungen oder gar der Abgabe des Haustieres aus. Katzen kommunizieren nun mal anders als wir Menschen.

Im Fokus stehen bei ihnen keine akustischen Äußerungen wie Wörter, dafür aber die gesamte Körperhaltung, Gestik und Mimik. Viele Konflikte lassen sich vermeiden, wenn die Körpersprache der Katze richtig gelesen wird. Denn es gilt immer Folgendes: Um am Leben der eigenen Katzen teilzuhaben, müssen wir vorab lernen, mit ihnen richtig zu kommunizieren. Ohne gemeinsame Kommunikation ist kein soziales, stressfreies Zusammenleben möglich.

Katzen können sich auf verschiedene Arten ausdrücken und wählen dabei meistens eine nicht-lautliche Verständigung. Die wichtigsten Kommunikationsarten bei Katzen bilden die optischen und olfaktorischen Signale. Unter Ersterem versteht man die Kommunikation durch die gesamte Körperhaltung. Sie kommunizieren über Körperschwerpunktverlagerung, Gestik und Mimik, dabei spielen vor allem die Ohren- und Schwanzhaltung der Katze eine bedeutende Rolle. Die optische Körpersprache steht in der Kommunikation mit uns Menschen primär im Fokus. Mit etwas Übung und Geduld ist das Erlernen und Verstehen der optischen Signale für Katzenbesitzer*innen gut möglich. Wichtig dabei ist, die Katze in verschiedenen Situationen zu beobachten und ihr Verhalten zu beschreiben. So lernen Katzenbesitzer*innen auch individuelle optische Signale kennen und können auf sie angepasst reagieren.

Mein Kater Cassiel kann mir durch seine Körperhaltung gut mitteilen, dass er jetzt sofort spielen möchte. Dabei zeigt er lustig wirkende Auf-und-Ab-Bewegungen seines Kopfes und dreht blitzschnell den Kopf von einer Seite auf die andere. Zusätzlich macht er in einem relativ schnellen Tempo Hoppelbewegungen zu seinem Lieblingsspielplatz.

Die Kommunikation mit olfaktorischen Signalen ist in erster Linie für Artgenossen relevant. Katzen tauschen sich also innerartlich über Gerüche und insbesondere Pheromone aus. Ein Unterschied zu optischen Signalen ist hier die Dauer der Wirkung. Olfaktorische Signale wirken über die Situation hinaus und können auch später noch von der Partner*inkatze wahrgenommen werden.

Pheromone sind körpereigene Duftstoffe, die zur Informationsübertragung dienen. Pheromone können mithilfe von Speichel, Schweiß, Urin oder Duftdrüsen abgegeben werden. Dabei geht es immer darum, Informationen an eine bestimmte weitere Katze zu übermitteln oder der gesamten Katzengruppe etwas Wichtiges mitzuteilen. Mithilfe dieser biochemischen Kommunikation können Katzen mitteilen:

- wer sie sind
- wann sie die Duftmarke gesetzt haben
- in welcher Stimmung sie waren und wie sie sich akut gefühlt haben (psychische Gesundheit)

- ihren aktuellen Beziehungsstatus zu der jeweiligen Mitkatze oder Gruppe
- ihren aktuellen körperlichen Gesundheitszustand

Vorstellen kann man sich eine Pheromonmarkierung also wie eine Nachricht in einem Gruppenchat. Sie kann (muss aber nicht) an eine Person gerichtet sein, alle weiteren Personen in dieser Gruppe können diese Nachricht auch erfassen.

Neben der optischen und olfaktorischen Kommunikation können sich Katzen zusätzlich durch akustische oder taktile Signale ausdrücken. Beide Arten kommen vorwiegend bei der Kätzin-Kitten-Beziehung vor. Miauen, Schnurren, Fiepen und Fauchen gehören zum Repertoire der akustischen Signale. Auch über Berührungen, also taktile Signale, wie das gegenseitige Putzen oder das Reiben an Gegenständen, Tieren oder Menschen, können sich Katzen mitteilen.

Diese einzelnen Kommunikationssignale treten nie isoliert, sondern in Kombinationen auf. Daher ist es wichtig, dass die Katze ganzheitlich gelesen wird und man sich nicht nur auf ein Detail der Körpersprache fixiert. Schnell kommt es sonst zu einer Fehlinterpretation, die dann zu einer Fehlkommunikation und möglichen Konflikten führen kann. Wenn die Körpersprache der Katze hingegen richtig gedeutet wird, kann ihr Verhalten samt dessen Motivationen besser verstanden und eine gute Beziehung zur Katze aufgebaut werden.

Die Sinne der Katze

Wie ihre Vorfahren, die Afrikanischen Wildkatzen, verfügen Katzen über eindrucksvolle Sinne, die sich seit Jahrtausenden unverändert bewährt haben. Die Sinne sind für die Wahrnehmung der Umgebung und des eigenen Körpers wichtig. Ohne sie wären Katzen nicht in der Lage, auf Veränderungen ihrer direkten Lebensumgebung zu reagieren. Die Informationen, die über die Sinnesorgane an das Katzengehirn weitergeleitet werden, helfen dabei, sich selbst vor Gefahren zu schützen, sich anzupassen und neue Fähigkeiten zu erlernen, aber vor allem, zu überleben. Denn Katzen wären bestimmt nicht so ausgesprochen gut und erfolgreich beim Jagen, hätten sie nicht diese beeindruckenden Sinne. Dabei nimmt aber jede Katze die Signale ihrer Umwelt anders wahr. Das zu verstehen, ist vor allem bei sehr ängstlichen und unsicheren Katzen wichtig. Auch wenn für uns Menschen beispielsweise eine Mütze als Kopfbedeckung alltäglich und normal ist, kann sie für die Katze gruselig erscheinen. Als Besitzer*innen dürfen wir ängstliches und unsicheres Verhalten von unseren Katzen nicht als »mutlos« abstempeln. Katzen nehmen diese Veränderung einfach anders wahr als Menschen, bewerten die Situation als unvorhersehbar oder gar gefährlich, und daher kommt es zu einer ängstlichen Reaktion. Interessant ist, dass nicht nur die Wahrnehmung der Katze individuell ist, sondern auch, mit welchem Sinnesorgan sie den Reiz zuerst aufnimmt. Jede Katze hat eine eigene Strategie, neue Reize zu erforschen und zu erleben. Das können Katzenbesitzer*innen auch mit den eigenen Katzen ganz einfach testen. Biete deiner Katze einen neuen Gegenstand an und beobachte,

wie er erforscht wird. Das kann etwa ein natürlicher Gegenstand wie zum Beispiel ein Stück Stock oder ein Blatt aus dem Wald oder auch ein selbst gebautes kniffliges Futterspiel sein. Nun beobachte, ob deine Katze zuerst

- sekundenlang den Gegenstand visuell begutachtet und eventuell um ihn herumspaziert, um ihn von allen Seiten zu betrachten (Sehsinn),
- mit der Nase daran schnuppert (Geruchs- und Geschmackssinn) oder
- ihre Pfoten geschickt einsetzt (Tastsinn).

Welches Sinnesorgan zuerst benutzt wird, hängt auch von bisherigen Lernerfahrungen ab.

All diese Sinne machen aus der Katze eine sehr erfolgreiche Jägerin. Selbst wenn einer der Sinne weniger gut ausgeprägt ist oder fehlt (z. B. bei tauben oder blinden Katzen), können sie sich gut in ihrer Umgebung zurechtfinden und passen ihre Jagdstrategien dahingehend an.

Der Sehsinn

Die Augen der Katze sind in Relation zu dem gesamten Körper und dem Kopf sehr groß. Katzenaugen sind fast so groß wie unsere Menschenaugen. Der Sehsinn der Katze funktioniert zudem ähnlich wie bei Menschen, mit dem Unterschied, dass Katzen ein größeres Gesichtsfeld und mehr Stäbchenrezeptoren, dafür aber weniger Zapfenrezeptoren in der Netzhaut haben. Die Stäbchen sind für die gute Orientierung in dunklen Umgebungen zuständig, die Zapfen für das Farbensehen. Katzen sind zwar nicht farbenblind, haben aber im Gegensatz zu den drei Farbrezeptoren des Menschen nur zwei Typen, für »Blau-Violett« und »Gelb-Grün«. Katzen können daher Farben im roten oder grünen Bereich nicht gut wahrnehmen und sehen diese Farben eher als verschiedene Grautöne. Vorstellen kann man sich das wie eine Rot-Grün-Schwäche eines Menschen. Durch die hohe Anzahl von Stäbchenrezeptoren ist das Katzenauge auf Bewegungssehen ausgerichtet. Objekte in zwei bis sechs Metern Entfernung erscheinen scharf, alles, was direkt, also unter 30 cm, vor dem Auge der Katze liegt, wird nicht wahrgenommen. Interessant ist auch, dass es hier auf die Haltung der Katzen ankommt. Während Freigängerkatzen eher weitsichtig sind, sind Wohnungskatzen häufig kurzsichtig. Auch können Katzen Objekte, die sich nicht, sehr langsam oder in monotonem Tempo bewegen, nicht gut erkennen. Das sollte im Alltag im Training und beim Spielen mit der Katze beachtet werden. Die Pupille der Katze ist schlitzförmig und kann sich je nach Lichteinfall sehr weit öffnen. Je weiter die Pupille ist, desto mehr Licht fängt sie ein, was vor allem bei schlechten Lichtverhältnissen hilfreich ist. Die Pupillen- und die Augenform sind ein wichtiges Kommunikationsmittel bei Katzen.

Hinter der Netzhaut befindet sich im Auge der Katze eine reflektierende Schicht, genannt *tapetum lucidum* (lat. für »leuchtender Teppich«). Diese Schicht wirkt wie ein Spiegel und wirft das einfallende Licht von hinten zurück. Durch diesen Prozess wirken die Augen bei Lichteinfall in der Nacht leuchtend grün oder gelb. Das *tapetum lucidum* ist für die gute Orientierung bei Nacht verantwortlich, da das einfallende Licht quasi doppelt verwertet wird.

Noch mehr Fakten zum Katzenauge:

- Katzen sehen deutlich schneller als wir Menschen und nehmen mehr Einzelbilder pro Sekunde (bis zu 80 Bilder pro Sekunde!) wahr.
- Katzen können bei einem Sechstel des verfügbaren Lichts noch sehr gut Details erkennen.
- Katzen sehen am Tag und in sehr hellen Umgebungen deutlich schlechter und unschärfer als wir Menschen und als bei Nacht.
- In kompletter Dunkelheit kann auch eine Katze nicht sehen, da kein Licht verfügbar ist. Hier greift die Katze auf ihre anderen Sinne, wie Tast- und Hörsinn, zurück.

Der Hörsinn

Katzen haben einen bemerkenswerten Hörsinn, den sie für die Wahrnehmung ihrer Umgebung nutzen und bei der Jagd effektiv einsetzen. Die Hörleistung der Katze ist mindestens dreimal besser als die des Menschen. Katzen können Frequenzen zwischen 48 und 65 000 Hertz wahrnehmen, wir Menschen dagegen nur zwischen 20 und 20 000 Hertz. Das ermöglicht es der Katze, auch Ultraschalltöne, die für uns unhörbar sind, zu erfassen. Das Katzenohr kann die eingehenden Schallwellen zusätzlich verstärken und sorgt so für ein ausgezeichnetes Hörvermögen. Mäuse kommunizieren über Ultraschall, Katzen können dabei nicht nur »zuhören«, sondern auch Töne verschiedener Tiere und Tierarten voneinander unterscheiden.

Bemerkenswert ist, dass Katzen »dreidimensional« hören

können. Sie schaffen es, die Geräuschquelle exakt zu lokalisieren, und erkennen auch, in welcher Höhe sich der Reiz befindet. Das Gehirn der Katze ist in der Lage, Geräusche, die vom rechten oder linken Ohr wahrgenommen werden, zu unterscheiden. Sie können somit nicht nur die Distanz und Höhe, sondern auch die Richtung der Quelle bestimmen. Beispielsweise können Katzen zwischen zwei Geräuschquellen, die sich übereinander oder nebeneinander befinden, unterscheiden. Katzen können ihre Ohren unabhängig voneinander bewegen und um bis zu 180 Grad drehen. Wissenschaftlichen Tests zufolge ist die Hörleistung bei sehr leisen Geräuschen individuell, ab dem fünften Lebensjahr nimmt die Hörleistung ab, was die Katze allerdings nicht daran hindert, bei der Jagd erfolgreich zu sein.

Da Katzen bei der Jagd auf die hohen Töne der Beutetiere angewiesen sind und darauf reagieren, sollten wir diesen Faktor bei unserem Umgang mit Katzen miteinbeziehen. Ein hohes, freudiges Ansprechen löst bei gut sozialisierten Katzen Freude aus. Tiefe Stimmlagen wirken auf viele Katzen bedrohlich und einschüchternd, eventuell ähnlich wie das Knurren einer Katze, und sollten daher nicht bewusst eingesetzt werden.

Die Ohren sind zwar in erster Linie für das Jagen unverzichtbar, aber auch in der Kommunikation ist die Ohrenhaltung ein wichtiges und gut sichtbares Merkmal zur Beurteilung der aktuellen Stimmung. Leider wurde in den letzten Jahren die Haltung der Qualzuchtrasse »Scottish Fold«, auch unter dem Namen »Faltohrkatze« bekannt, beliebt. Das Merkmal sind die kleinen abgeknickten Ohren, die sie aufgrund einer erblichen unheilbaren Knorpelerkrankung namens Osteochondrodysplasie (OCD) haben.

Jede Faltohrkatze leidet an OCD. Und auch Mischlinge, wie zum Beispiel Faltohrkatze × British Kurzhaar, sind von dieser Erkrankung betroffen, selbst wenn keine Faltohren zu sehen sind. Die Knorpelschäden im ganzen Körper führen zu täglichen (!) enormen Schmerzen und viele Tiere müssen bereits in jungem Alter von ihren Schmerzen erlöst werden. In Österreich ist die Zucht wie der Erwerb von Faltohrkatzen gesetzlich verboten (Stand 2023).

Noch mehr Fakten über Katzenohren:

- Das Katzenohr hat 32 Muskeln, die das Ohr bewegen, drehen oder neigen.
- Am äußeren Ende der Ohren ist eine kleine Hauttasche zu sehen, die »Henry's Pocket« genannt wird. Die Funktion ist unbekannt, vermutet wird, dass sie bei der Lokalisierung hoher Frequenzen hilfreich sein kann.
- Eine Studie aus dem Jahr 2015 legt nahe, dass Katzen ein Faible für klassische Musik haben und sie diese nachweislich beruhigt.

Der Geruchs- und Geschmackssinn

Geruchs- und Geschmackssinn der Katze sind wenig erforscht. Aber man weiß: Katzen riechen um einiges besser als wir Menschen. Ihre Riechschleimhaut ist viermal größer als unsere. Dabei haben auch Katzen »Lieblingsgerüche« und Gerüche, die sie nicht so gerne mögen. Eine Aversion haben Katzen vor allem gegenüber scharfen Gerüchen wie zum Beispiel Zitrusdüften. Der Geruchssinn ist aber weniger für den Beutefang wichtig, auch wenn Katzen Mäuse anhand des Urins aufspüren können. Vielmehr ist der Geruchssinn für das Sozialverhalten bedeutend.

Katzen besitzen im Gegensatz zu uns Menschen ein weiteres Sinnesorgan, das sogenannte Vomeronasale Organ (VNO), auch Jacobsonsches Organ genannt. Es sitzt oben im Gaumen, und die Katze kann damit »schmeckriechen« und Pheromone wahrnehmen. Da sie die Pheromone nur in Kombination mit Speichel aufnehmen können, zeigen Katzen das sogenannte Flehmen. Dabei öffnen sie das Maul und ziehen die Oberlippe leicht nach oben. In dieser Position verharren Katzen auch einige Momente, um die Informationen auszuwerten. Katzen können bewusst entscheiden, ob sie das VNO einsetzen möchten, und somit bewusst nach Pheromonbotschaften suchen. Viele Pheromone konnten von der Wissenschaft noch nicht entschlüsselt werden und somit ist uns deren Funktion unbekannt.

Der Geschmackssinn von Katzen ist weniger ausgeprägt als ihr Geruchssinn. Katzen haben wie wir Geschmacksknospen auf ihrer Zunge, um Geschmacksrichtungen wahrzunehmen. Sie können süß, sauer, salzig, bitter und fleischig (umami) schmecken. Süß können Katzen nicht gut schmecken, vermutlich, weil es in der Natur für ein Raubtier keinen Nutzen hat, süß zu schmecken. Der Geschmackssinn hilft dabei, Nahrung zu erkennen und Veränderungen wahrzunehmen. So schützen sich Katzen vor Krankheiten oder schlechtem Futter. Auch Katzen haben verschiedene Geschmäcker und bevorzugen bestimmte Futtersorten.

Noch mehr Fakten über die Katzennase:

- Jeder Katzennasenabdruck ist so individuell wie ein menschlicher Fingerabdruck.
- Die meisten Temperaturrezeptoren liegen um den Mund- und Nasenbereich der Katze.
- Sowohl eine zu trockene als auch eine zu feuchte Katzennase kann ein Hinweis auf eine Erkrankung sein.

Der Tastsinn

Der Tastsinn der Katze ergänzt ihren Sehsinn und ist ein wichtiges Werkzeug bei der Jagd. Die wichtigsten Tastorgane sind die Vibrissen, auch bekannt als Schnurrhaare, sowie die Pfoten und Krallen der Katze. Die Pfotenballen der Katzen reagieren besonders auf Berührungen empfindlich, daher mögen es viele Katzen nicht, an den Pfoten berührt zu werden. Eine besonders genaue Kontrolle hat die Katze über ihre Krallen. Sie weiß nicht nur, wie weit sie ausgefahren sind, sondern auch, ob und wie viel Widerstand sie haben. Das ist besonders bei der Abwehr von Beutetieren wie auch Artgenossen wichtig. Als Kommunikationsmittel verdeutlichen die Vibrissen die Mimik der Katze, im Großen und Ganzen sind jedoch alle Tastorgane primär für die Wahrnehmung zuständig.

Vibrissen hat die Katze am ganzen Körper verteilt, die meisten befinden sich im Kopf- und Gesichtsbereich. Sie sind viel dicker und viel tiefer in die Haut und das Nervengewebe eingebettet als das normale Katzenhaar. Die Katze kann daher dadurch Position, Richtung, Geschwindigkeit,

Dauer und Rhythmus eines Reizes, wie zum Beispiel die Bewegungen einer gefangenen Maus, erkennen. Durch die Vibrissen kann die Katze auch die Fell-/Federrichtung eines Beutetieres erkennen und weiß so, wie sie es am besten verspeisen kann. Besonders Objekte, die sich direkt vor der Katze befinden, werden mit den Vibrissen erkundet, sie kann dadurch auch Abstände und Entfernungen messen. Vorstellen kann man sich die Vibrissen der Katze wie intelligente Parksensoren, die dauernd Informationen an das Katzengehirn weiterleiten. Zudem nehmen die Schnurrhaare leichte Luftströmungen wahr, die in manchen Situationen auch als unangenehm empfunden werden. Daher solltest du deiner Katze nie – auch nicht aus erzieherischen Gründen – ins Gesicht pusten.

Die Vibrissen sind aus Katzensicht unverzichtbar, da sie sich ohne sie sehr schwer orientieren können. Katzen, die keine Vibrissen haben, gelten deshalb als Qualzucht, das Fehlen der Vibrissen kann gerade bei haarlosen Katzen, wie zum Beispiel der Sphynx-Katze, vorkommen.

Noch mehr Fakten über die Vibrissen:

- Schnurrhaare sind nicht beim Schnurren der Katze hilfreich oder gar dafür verantwortlich, warum Vibrissen im Deutschen auch Schnurrhaare genannt werden, ist nicht bekannt.
- Katzen haben an ihrer Oberlippe insgesamt 48 Vibrissen, pro Seite 24, die in 4 Reihen aufgeteilt sind.
- Keine Sorge, wenn du lose Schnurrhaare auffindest, Katzen verlieren sie ab und zu, sie wachsen allerdings wieder nach. Schnurrhaare wachsen allerdings nicht

mit der Breite des Katzenkörpers mit. Daher kann es vorkommen, dass dickere Katzen in einem Spalt stecken bleiben, dessen Breite sie nicht ertasten konnten.

Die Körpersprache

Katzen kommunizieren immer, es gibt keinen Zeitpunkt, an dem sie es nicht tun. Sie nutzen ihren gesamten Körper als Kommunikationsmittel, selbst dann, wenn die Signale sehr diskret gezeigt werden und für uns ohne Übung nicht erkennbar sind. Um einen positiven Umgang mit Katzen pflegen zu können, ist es wichtig, dass die Körpersprache korrekt und ohne Interpretation gelesen wird. Die Katze zu labeln, also als »stur«, »dumm«, »gemein« oder anders abzustempeln, ist ungerecht und führt nicht zu einem harmonischeren Zusammenleben. Bei der Körpersprache müssen die Katze und die Situation als gesamtes Bild betrachtet werden. Es ist vergleichbar mit einem Puzzle. Alle Körperhaltungen müssen zusammen betrachtet werden, um zu erkennen, was die Katze aussagen möchte. Beispielweise liegen Freude und Aufregung in der Katzenkörpersprache sehr nah beieinander, befinden sich aber in verschiedenen Gefühlsspektren, also in positiver respektive negativer Stimmung/Stress.

Eine positive Stimmung wird meist aufgrund von Freude-, Glücks-, oder Entspannungsgefühlen gezeigt. Eine negative Stimmung deutet auf Ärger, Frust, Angst oder Aggression hin. Dabei können Katzen offensiv oder defensiv reagieren. Sie möchten sich also entweder einem Reiz hingeben und die Distanz verringern (aufgrund positiver oder negativer Stimmung – offensive Haltung) oder dem Reiz entgehen und die Distanz vergrößern (aufgrund negativer Stimmung – defensive Haltung). Dies kann sich in der gesamten Körperhaltung, den Augen, Ohren, Vibrissen, dem Schwanz oder durch Markieren und akustischen Lauten ausdrücken.

Körperschwerpunkt und Körperhaltung

Wir können gut erkennen, ob sich die Katze bewusst kleiner oder größer macht. Auch der Körperschwerpunkt kann sich verändern, sprich, der Körper ist entweder einem Reiz zu- oder abgewandt. Zudem gilt: Je direkter die Katze in ihrem Verhalten ist, umso ernster ist die Angelegenheit. Katzen, die miteinander spielen, zeigen eher lockere, übertriebene und »lustige« Verhaltensweisen, wie zum Beispiel das seitliche Hopsen.

Eine verkleinernde Körperhaltung kann in Kombination mit weiteren defensiven Ausdrucksweisen wie zur Seite abgeklappten Ohren und erweiterten Pupillen auf Angst, also eine negative Stimmung, hindeuten. Zudem machen sich Katzen auch beim Jagen klein, um nicht aufzufallen und sich dem Beutetier oder Spielzeug gut nähern zu können.

Eine vergrößernde Körperhaltung kann in bestimmten Fällen aufgrund von Angst gezeigt werden. Oft wirkt die Katze noch größer, da das Fell gesträubt aufgestellt wird. Diese Reaktion wird *Piloerektion* genannt und passiert automatisch, die Katze kann diesen Prozess nicht willentlich steuern. Grund dafür ist Erregung, die in den meisten Fällen negativ ist, Unsicherheit oder Angst sind Auslöser. Meistens

sträubt sich das Fell der Katze auf, wenn sie vor einem plötzlich aufkommenden Reiz erschrickt. Viele Katzen stehen dabei zusätzlich auf den Zehenspitzen und strecken die Beine durch, so wirken sie für andere Tiere noch größer und eventuell angsteinflößend.

Als Katzenbesitzer*in hast du bestimmt schon mal beobachtet, dass sich manche Freigängerkatzen beim Anblick eines Hundes im ersten Moment automatisch größer machen. Sobald sie merken, dass keine Gefahr vom Hund ausgeht oder Entspannungsmaßnahmen und -signale gesetzt werden, lockert sich der gesamte Katzenkörper.

Solch extreme defensive oder auch offensive Verhaltensweisen sind entweder auf Angst oder Krankheit zurückzuführen.

Folgende Haltungen solltest du als Katzenbesitzer*in differenzieren und kennen:

Offensiv-aggressive Haltung

Beschreibung des Verhaltens:

Die Katze steht mit durchgestreckten Beinen und das Fell am Rücken ist gesträubt. Der Schwanz deiner Katze ist nicht eingezwickt, sondern hängt schlaff oder wie ein umgekehrtes »U« hinunter. Die Katze starrt dabei das Gegenüber an, die Pupillen sind eng und die Ohren sind seitwärts nach hinten gedreht. Dazu kann es vorkommen, dass die Katze knurrt oder jault.

Bedeutung des Verhaltens:

Die Katze macht sich zum Angriff bereit, die Stimmung ist stark negativ und sie möchte die Distanz zu dem auslösenden Reiz verringern, um ihn zu eliminieren.

Defensiv-aggressive Haltung

Beschreibung des Verhaltens:

Die Katze macht sich kleiner oder steht in einer direkten Auseinandersetzung mit anderen Tieren seitlich und nicht frontal. Die Ohren und die Vibrissen sind zur Seite abgeklappt. Die Pupillen sind stark geweitet. Die Katze kann dabei fauchen, spucken oder auch knurren. Auch hier kann es zu einer plötzlichen Piloerektion des Schwanzfells kommen.

Bedeutung des Verhaltens:

Die Katze ist im Verteidigungsmodus. Werden die Warnzeichen nicht entsprechend wahrgenommen, geht die Katze zur Selbstverteidigung über. Die Stimmung ist negativ und die Katze hat Angst.

Ambivalente Haltung

Beschreibung des Verhaltens:

Die klassische »Halloween«-Katze. Die Beine sind durchgestreckt und das gesamte Fell der Katze wirkt aufgeplustert. Die Katze wechselt zwischen defensiver und offensiver Haltung.

Bedeutung des Verhaltens:

Die Katze ist sowohl zur Verteidigung als auch zum aktiven Angriff und zum Vertreiben des Gegenübers bereit. Die Stimmung der Katze ist dabei negativ und sie verspürt große Unsicherheit und Angst.

ABER ACHTUNG: Diese Position kann auch im Spiel zwischen zwei Katzen vorkommen, allerdings wird sie dann nicht ganz so intensiv und direkt gezeigt.

Die Augen

Die Augen der Katze, vor allem die Bewegungen der Augenlider und der Pupille, verraten viel über ihren aktuellen Gemütszustand. Die Veränderung der Pupille ist besonders interessant, denn grundsätzlich gilt: Je erweiterter die Pupille der Katze ist, desto erregter ist sie. Eine extrem weite Pupille deutet auf starke Angst hin. Auch bei schlechten Lichtverhältnissen, bei der Jagd, beim Spielen oder bei der Gabe des absoluten Lieblingsleckerlis kann die Pupille etwas größer erscheinen. Das hat sicherlich nichts mit Angst zu tun, sondern eher damit, dass die Katze das Beutetier, Spielzeug oder Leckerchen unbedingt haben möchte.

Enge Pupillen sind auf eine neutrale Haltung zurückzuführen, können aber in Kombination mit einer sehr offensiv-aggressiven Haltung einen bevorstehenden Angriff einleiten.

Folgende Augensignale solltest du als Katzenbesitzer*in kennen:

Das (An-)Starren

Beschreibung des Verhaltens:

Dabei schaut eine Katze ein anderes Tier mehrere Sekunden (länger als drei Sekunden) mit gezieltem Blick an. Ein selbstständiges Abwenden fällt der jeweiligen Katze besonders schwer und auch auf Rufe der Besitzer*innen reagiert die Katze gar nicht oder sehr zögerlich.

Bedeutung des Verhaltens:

Das Starren der Katze wird als unangenehm empfunden. Starren ist eine unfreundliche Kommunikationsart und löst bei allen Parteien, sowohl bei der starrenden Katze als auch bei dem angestarrten Tier, eine negative Stimmung aus. Das

Starren ist das erste Anzeichen von Aggression und sollte durch positive gesetzte Signale (z. B. mithilfe eines Umorientierungssignals) unterbrochen werden.

ABER ACHTUNG: Im Zusammenleben mit uns Menschen haben manche Katzen bereits gelernt, dass sich das Anstarren des Lieblingsmenschen lohnt, da eine positive Konsequenz erfolgt. Genau wie Katzen finden auch die meisten Besitzer*innen das Anstarren unangenehm und widmen ihre volle Beachtung der Katze. Wenn meine Katze Alexis clickern möchte, ist es durchaus möglich, dass sie mich frühmorgens anstarrt, damit ich aufwache und meine Zeit mit ihr in einer Trainingseinheit verbringe.

Der Cut-Off

Beschreibung des Verhaltens:

Die Katze kneift ihre Augen krampfhaft zusammen. Dieser Prozess kann wenige Minuten bis hin zu mehreren Stunden andauern. Zusätzlich kann die gesamte Körperhaltung die Katze kleiner erscheinen lassen und der Körperschwerpunkt ist abgewendet.

Bedeutung des Verhaltens:

Dabei möchte die Katze keinen Kontakt mit einem bestimmten Reiz aufnehmen. Die Stimmung der Katze ist negativ und sie hat möglicherweise Angst oder Schmerzen. Katzen, die dieses Verhalten zeigen, wollen nicht bemerkt werden und so der Situation entgehen. Ein langfristiger Cut-off ist nicht normal, sondern eine Auffälligkeit, die sowohl medizinisch als auch verhaltenstherapeutisch untersucht werden sollte. Das Verhalten kann im Alltag kurzzeitig vorkommen, wenn die Katze einen sehr ätzenden Geruch wahrnimmt.

Halb offene Augen

Beschreibung des Verhaltens:

Die Augen deiner Katze sind halb offen, die Pupillen sind je nach Lichteinfall mehr oder weniger geweitet.

Bedeutung des Verhaltens:

Halb offene Augen deuten auf eine neutrale bis entspannte Katze hin. Dieses Verhalten wird häufig kurz vor oder nach dem Schlafen oder Dösen der Katze beobachtet.

Blinzeln

Beschreibung des Verhaltens:

Beim Blinzen schließt die Katze ihre Augen kurz und öffnet sie anschließend wieder. Das Blinzeln als eigenständiges Verhalten dauert nur wenige Momente, kann aber mehrmals hintereinander gezeigt werden, um sich dem Gegenüber klar und deutlich mitzuteilen. Das Lächeln und anschließende Kopfnicken unter zwei Menschen ist ein ähnliches Verhalten wie das Blinzeln unter Katzen.

Bedeutung des Verhaltens:

Dieses Verhalten gilt als freundlich, konfliktvermeidend und löst eine positive Stimmung aus. Katzen blinzeln sowohl unbekannte als auch bekannte Menschen oder Tiere an, um ihre Friedlichkeit auszudrücken. Das Blinzeln sagt einerseits »Ich bin an keinen Konflikt interessiert, ich bin ungefährlich« und auch »Wenn du möchtest, können wir uns annähern«. Es ist ein Verhalten, das stimmungsübertragend wirkt. Gegenseitiges Anblinzeln fördert das Vertrauen und sollte auch von uns Katzenbesitzer*innen regelmäßig gezeigt werden.

Bewusstes Umher- oder Wegschauen

Beschreibung des Verhaltens:

Das Verhalten tritt meist unter Katzen auf, die sich nicht besonders gut kennen. Dabei schauen sie sich kurz an und blicken anschließend zur Seite. Dieser Ablauf kann mehrmals stattfinden und später in Kombination mit dem Blinzeln gezeigt werden.

Bedeutung des Verhaltens:

Das primäre Ziel dieses Verhaltens ist Stress- und Aggressionsvermeidung. Es signalisiert dem Gegenüber, dass die Katze an keinem Konflikt interessiert ist. Je nach Ziel wird die umherschauende Katze in Ruhe gelassen oder es wird durch Blinzeln die Kontaktsuche weiter kommuniziert.

Die Ohren

Auch die Ohrenhaltung kann von Katzenbesitzer*innen sehr gut beobachtet werden. Deutliche Bewegungen der Katzenohren werden vor allem dann sichtbar, wenn sich die Katze verteidigen oder angreifen möchte. Auch bewegen Katzen die Ohren dann, wenn sie ein bestimmtes Geräusch näher lokalisieren möchten oder wenn ihnen etwas zu laut erscheint.

Folgende Ohrenstellungen solltest du als Katzenbesitzer*in kennen:

Aufgestellte Ohren

Beschreibung des Verhaltens:

Bei gesunden Katzen sind die nach vorne ausgerichteten und aufgestellten Ohren die normale, alltägliche Position. Die Ohren können auch leicht abgeklappt oder schief weg-

gedreht werden, das kann ohne spezifischen Grund geschehen oder auf eine Krankheit oder Parasitenbefall hindeuten.

Bedeutung des Verhaltens:

Katzen stellen vor allem dann die Ohren spitz auf, wenn sie sehr aufmerksam sind. Je spitzer die Ohren sind, umso aufmerksamer ist die Katze auf einem bestimmten Reiz fixiert.

Währenddessen ist die Katze in einer neutralen bis positiven Stimmung.

Seitlich angelegte Ohren

Beschreibung des Verhaltens:

Die Ohren werden seitlich angelegt und abgeklappt. Je nach Situation werden die Ohren auch ganz angelegt, sodass sie für Außenstehende fast nicht mehr zu sehen sind.

Bedeutung des Verhaltens:

Um die Ohren vor einem Angriff zu schützen und sich möglichst klein zu machen, klappen defensiv agierende Katzen die Ohren ab. Die Stimmung der Katze ist negativ und die Katze hat in dem Moment große Angst. Je intensiver die Angstsituation ist, umso stärker werden die Ohren abgeklappt, um möglichst unsichtbar zu erscheinen.

Seitwärts nach hinten gedrehte, aufgestellte Ohren

Beschreibung des Verhaltens:

Die Katzenohren werden seitlich nach hinten gedreht, sodass der Ohrrücken gesehen werden kann. Die Ohren sind dabei nicht abgeklappt, sondern leicht spitz aufgestellt.

Bedeutung des Verhaltens:

Das Verhalten wird gezeigt, wenn die Katze offensiv-aggressiv ist. Die Stimmung ist negativ, und die Katze ist grantig und droht dem Gegenüber.

ABER ACHTUNG: Auch während des Fressens oder wenn eine störende Geräuschquelle aufkommt, werden die Ohren manchmal seitwärts nach hinten gedreht, die Stimmung dabei ist keinesfalls negativ oder offensiv-aggressiv.

Ambivalente Ohrenhaltung

Beschreibung des Verhaltens:

Die Ohren der Katzen werden im Wechsel aufgestellt und spitz oder abgeklappt zur Seite gedreht.

Bedeutung des Verhaltens:

Die Katze ist in einer neutralen bis negativen Stimmung und womöglich mit der akuten Situation überfordert. Die wechselnde Ohrenhaltung spiegelt den aktuellen Gemütszustand der Katze gut wider.

Die Vibrissen

Die Vibrissen der Katze unterstützen den Gesamtauftritt und die Körpersprache der Katze. Für Katzenbesitzer*innen ist das Erkennen der verschiedenen Positionen der Schnurrhaare eine Herausforderung, glücklicherweise kann die Stimmung der Katze nicht nur an den Vibrissen abgelesen werden.

Folgende Vibrissenstellungen solltest du als Katzenbesitzer*in kennen:

Locker seitwärts hängende Vibrissen

Beschreibung des Verhaltens:

Dabei hängen die Vibrissen der Katze seitwärts locker hinunter. Diese Vibrissenhaltung ist die alltägliche Position.

Bedeutung des Verhaltens:
Die Katze ist entspannt oder in einer neutralen bis positiven Stimmung.

Nach hinten gerichtete, dicht anliegende Vibrissen
Beschreibung des Verhaltens:
Die Vibrissen sind sehr dicht an den Wangen und nach hinten gerichtet.
Bedeutung des Verhaltens:
In Kombination mit weiteren defensiven Verhaltensweisen wie dem Verkleinern der Körpergröße und dem Abklappen der Ohren ist die Stimmung der Katze negativ und sie hat vermutlich Angst. Um die Schnurrhaare zu schützen, werden sie nach hinten gerichtet.

Nach vorne gerichtete Vibrissen
Beschreibung des Verhaltens:
Die Vibrissen sind spitz nach vorne gerichtet. Je nach Stimmung und Situation werden sie zusätzlich breit aufgefächert.
Bedeutung des Verhaltens:
Diese Position der Schnurrhaare wird sehr häufig während des Erkundens eines bestimmten Reizes gezeigt. Die Katze ist dabei meistens in einer positiven Stimmung, außer die Katze nimmt währenddessen eine offensiv-aggressive Haltung ein. Im Zuge dessen werden auch die Vibrissen nach vorne aufgefächert, um einen imposanten Eindruck zu erwecken.

Der Schwanz

Die Bewegungen des Schwanzes sind ein guter Parameter dafür, wie die aktuelle Stimmung der Katze ist. Katzen kommunizieren im Alltag sehr deutlich mit ihrer Rute. Die vielen verschiedenen Positionen sollten bekannt sein, da die Haltung des Schwanzes in Kombination mit der gesamten Körperhaltung eine der erstgewählten Kommunikationsarten der meisten Katzen ist.

Folgende Schwanzstellungen solltest du als Katzenbesitzer*in kennen:

Hoch aufgestellter Schwanz

Beschreibung des Verhaltens:
Der Schwanz ist vertikal hochgestellt. Die Schwanzspitze kann zudem leicht abgebogen sein, sodass die gesamte Rute wie ein (gespiegeltes) Fragezeichen aussieht.
Bedeutung des Verhaltens:
Dies ist ein freundliches Zeichen und wird häufig zur Begrüßung oder bei positiver Ansprache gezeigt. Die Stimmung ist positiv. Bei sehr gut befreundeten Katzen oder Menschen wird die Schwanzspitze zusätzlich leicht abgebogen.

In Körperlinie locker hängender Schwanz

Beschreibung des Verhaltens:
Die Rute ist leicht locker hängend, zum Boden parallel und auf Höhe der Körperlinie der Katze positioniert. Diese Schwanzhaltung ist die alltägliche Position.
Bedeutung des Verhaltens:
Die Katze ist entspannt oder in einer neutralen bis positiven Stimmung.

Wie ein umgedrehtes »U« nach unten positionierter Schwanz

Beschreibung des Verhaltens:

Der Schwanz der Katze ist leicht gesträubt und wird bogenförmig nach unten verlaufend gehalten. Er kann dabei wie ein umgedrehtes »U« erscheinen.

Bedeutung des Verhaltens:

Katzen zeigen dieses Verhalten in Kombination mit weiteren offensiv-aggressiven Verhaltensweisen, wie dem Vergrößern des Körpers, seitlich nach hinten gedrehten Ohren und Strichpupillen, und droht dem Gegenüber. Die Katze möchte in diesen Moment die Distanz zu einem bestimmten Reiz verkleinern und ihn vertreiben. Die Stimmung der Katze ist dabei negativ.

ABER ACHTUNG: Zeigt deine Katze diese Rutenhaltung in Kombination mit einem Katzenbuckel und durchgestreckten Beinen, ist davon auszugehen, dass sie in einer wechselhaften Stimmung ist. Dann kann die Katze offensiv- und auch defensiv-aggressiv reagieren.

Plüschiger, aufgeplusterter Schwanz

Beschreibung des Verhaltens:

Die Rute der Katze erscheint größer, da sich das Fell aufstellt. Dies ist eine automatische Reaktion und kann von der Katze nicht bewusst herbeigeführt werden.

Bedeutung des Verhaltens:

Die Katze ist erregt. Diese Aufregung ist in den meisten Fällen negativ, sprich, die Katze ist unsicher und hat Angst. In seltenen Fällen plustert sich das Fell der Katze auch leicht auf, wenn sie sich freut, beispielweise wenn der oder die Besitzer*in nach Hause kommt.

Zwischen die Beine eingezogener Schwanz
Beschreibung des Verhaltens:
Der Schwanz der Katze wird zwischen die Beine, in Richtung der Bauchlinie, eingezogen.
Bedeutung des Verhaltens:
Die Katze hat große Angst und ist stark angespannt, die Stimmung der Katze ist also negativ.

Peitschender Schwanz
Beschreibung des Verhaltens:
Der gesamte Schwanz peitscht in mittlerem Tempo auf Höhe der Körperlinie hin und her (nicht auf und ab!).
Bedeutung des Verhaltens:
Deine Katze fühlt sich zwiegespalten und ist mit der aktuellen Situation möglicherweise überfordert. Sie weiß nicht, was als Nächstes passiert oder was sie als Nächstes tun soll. Die Stimmung ist neutral bis negativ und die Katze kann genervt und gereizt sein.

ABER ACHTUNG: Katzen, die mit Hunden aufgewachsen sind oder mit Hunden leben, erlernen im Laufe des Zusammenlebens die Körpersprache des Hundes. Diese Katzen wedeln mit dem Schwanz, wenn sie aufgeregt sind, dabei kann die Stimmung positiv oder negativ sein.

Langsame Bewegungen der Schwanzspitze
Beschreibung des Verhaltens:
Hierbei bewegt sich nur die Schwanzspitze der Katze in einem langsamen Tempo hin und her. Diese Bewegung läuft geregelt, nicht permanent, also mit Pausen, und bewusst ab.
Bedeutung des Verhaltens:
Dieses Verhalten wird hauptsächlich bei Konzentration,

also bei der Jagd oder beim Spielen mit einer Spielangel gezeigt.

Ruckartige Bewegungen der Schwanzspitze

Beschreibung des Verhaltens:

Nur die Schwanzspitze wird dabei in einem schnellen Tempo hin und her bewegt.

Bedeutung des Verhaltens:

Katzen zeigen dieses Verhalten, wenn sie negativ erregt sind. Sie teilen mit, dass sie gerade von einer bestimmten Situation oder einem bestimmten Reiz gestört fühlen. Das ist eines der ersten Anzeichen, die Katzen zeigen, wenn ihnen etwas nicht passt. Die Stimmung der Katze ist daher negativ. Diese Schwanzhaltung sollte daher gerade beim gemeinsamen Kuscheln beachtet werden.

Zitternder Schwanz

Beschreibung des Verhaltens:

Die Rute ist senkrecht nach oben gerichtet und der gesamte Schwanz macht zitternde Bewegungen. Manche Katzen markieren dabei mit Urin.

Bedeutung des Verhaltens:

Ein zitternder Schwanz kann sowohl auf eine negative als auch auf eine positive Stimmung der Katze zurückzuführen sein, sie zeigt dieses Verhalten auch, wenn sie aufgeregt ist. Bei positiver Aufregung freut sich die Katze, das kommt häufig dann vor, wenn die Besitzer*innen nach Hause kommen. Dabei werden die Besitzer*innen mit erhobenem Schwanz begrüßt und kurz vor dem ersten Berührungskontakt fängt der Schwanz zu zittern an. In Kombination mit Urinabgabe ist das Zittern des Schwanzes grundsätzlich im Sinne negativer Erregung zu deuten. Die Katze ist gestresst und drückt dies durch das Harnmarkieren aus.

Zur Seite angelegter Schwanz

Beschreibung des Verhaltens:

Unkastrierte Kätzinnen schlagen den Schwanz zur Seite und heben dabei leicht das Hinterteil.

Bedeutung des Verhaltens:

Dieses Verhalten wird während der Rolligkeit der Katze gezeigt und lässt Kater wissen, dass sie paarungsbereit ist.

Das Markieren

Katzen besitzen am ganzen Körper verteilt verschiedene Duftdrüsen, was ihnen das Abgeben von Pheromonen und ihres Eigendufts ermöglicht. Dadurch können sie verschiedene Informationen mit ihrer Umwelt teilen. Je nach Stimmung, Ort und Situation wählen Katzen eine bestimmte Art der Markierung. Das Markierverhalten ist katzentypisches Verhalten, das im Alltag und im Wohnraummanagement berücksichtigt werden sollte. Fixe Markierstellen für Kratz- und Gesichtsmarkierungen sind sinnvoll, damit sich Katzen sicher und wohl fühlen.

Das Kratzmarkieren

Unter und zwischen den Katzenpfoten sitzen nicht nur die Schweißdrüsen, sondern auch spezielle Duftdrüsen, mit denen die Katze Pheromone abgeben kann. Sie markiert damit bestimmte Gegenstände durch Kratzen als ihr Eigentum, das ist für die Absicherung ihres Territoriums und für ihr eigenes Wohlbefinden wichtig.

Das Harnmarkieren

Ganz unabhängig davon, ob Katzen kastriert sind oder nicht, können sie mit Harn markieren. Wenn damit markiert wird, ist die Stimmung der Katze stark erregt. Hier kann man sich wieder den Lebensakku der Katze vorstellen, je niedriger der Akku, desto wahrscheinlicher ist das Harnmarkieren. Die Gründe für das Markieren mit Kot ist übrigens wissenschaftlich noch nicht eindeutig geklärt. Sollte es problematisch werden, findest du auf S. 220 f. Hilfestellung.

Das Gesichtsmarkieren

Die meisten Duftdrüsen liegen im Kopf-, Gesichts- und Kinnbereich der Katze. Katzen markieren damit Gegenstände, andere Tiere oder auch uns Menschen. Sehr gerne reiben sich Katzen an Kanten und beißen bei dieser Aktion auch gerne mal hinein. Zusätzlich wird dadurch Speichel abgegeben, der vermutlich zur Intensivierung des Geruches beiträgt. Dabei bemerken viele Besitzer*innen schwarze Rückstände an Türstöcken oder verschiedenen Kanten, die die Katze beim Markieren hinterlässt.

Gerade die Gesichtspheromone wirken auf Katzen besonders emotional stabilisierend. Es existieren fünf verschiedene Gesichtspheromone, die mit F1, F2, F3, F4 und F5 benannt sind. F2 gibt Informationen über die Paarungsbereitschaft bei Katern und ist daher für das Sexualverhalten wichtig. F3 wird durch das Reiben an bekannten Gegenständen abgegeben und ist bei der Territoriumssicherung hilfreich, dabei werden im Revier für die Katze wichtige Markerstellen markiert. F4 ist ähnlich wie F3, nur dass hier der soziale Faktor im Fokus steht. Dabei werden Menschen und andere Tiere markiert und das trägt einen wichtigen Teil zu einem harmonischen Zusammenleben bei. F1 und F5 sind unbekannt, für F3 (Territorium) und F4 (Sozialverhalten) gibt es spezielle Pheromondiffusoren, die im Tierfachhandel gekauft werden können und unterstützend wirken sollen.

Das Allomarkieren

Eine spezielle Form der Gesichtsmarkierung ist das Allomarkieren. Beim Allomarkieren steht der soziale Faktor im Fokus. Dabei werden Artgenossen durch Reiben des Gesichts oder Kinns markiert. Das trägt zum gemeinsamen Gruppenduft und somit zu einem guten Verhältnis im Mehrkatzenhaushalt bei. Dieses Verhalten kann auch im Umgang mit uns Menschen beobachtet werden.

Die Laute

Auch wenn die Kommunikation hauptsächlich über die Körpersprache abläuft, können Katzen auch deutlich laut werden. Es wird vermutet, dass Katzen weit über hundert verschiedene Laute von sich geben können. Eines schon mal vorweg: Das klassische Miauen zeigen erwachsene Katzen nur des Menschen wegen. Domestizierte Katzen sind quasi bilingual und haben ein »Kindheits-« und ein »Erwachsenenvokabular«. Ersteres wird in der Kommunikation zwischen Mutterkatze und Kitten verwendet. Dabei kommt es zu Fiepen, verschiedenen Miautönen, Schnurren und anderen sanften Lauten. Das Erwachsenenvokabular umfasst Laute für den Sexualtrieb, defensive und offensive Aggression. Bei stark verwilderten Katzen wird das Kindheitsvokabular durch das Erwachsenenvokabular ersetzt, das passiert bei unseren in der Regel gut am Menschen sozialisierten Katzen nicht.

Besonders ist auch, dass Katzen verschiedene Lockrufe für verschiedene Beutetiere haben. Wenn die Mutterkatze von der Jagd zu ihrem Nachwuchs kommt, kündigt sie die Beute mit einem bestimmten Laut an. So lernen die Kitten, welches Tier zum Fressen oder Töten gebracht wird. Selbst Wohnungskatzen zeigen dieses Verhalten. Viele Katzenbesitzer*innen haben selbst erlebt, dass die Katze mit einem Spielzeug im Maul »rufende« Laute von sich gibt. Die Katze benennt so das Spielzeug und teilt mit, welches sie gerade im Maul trägt. Wie gesprächig eine Katze ist, hängt von der Sozialisierung, Haltung und bisherigen Lernerfahrung ab. Auch rassespezifisch kann es zu Unterschieden kommen, denn gerade orientalische Katzenrassen, wie die Hybridrasse Bengal, Orientalisch Kurz-/Langhaar oder Siamkatzen, neigen dazu, gesprächiger zu sein.

Folgende Katzenlaute sollte jede*r Katzenbesitzer*in kennen:

Das Miauen

Miauen ist der bekannteste Laut und kann in vielen verschiedenen Varianten gezeigt werden. Die wenigsten Katzen kommunizieren jedoch untereinander mit einem einfachen Miauton. Das Miauen ist überwiegend für die Halter*innen bestimmt. Miauen Katzen ohne direkten Kontext (also ohne direktes Ansprechen oder Anschauen), drücken sie damit Unzufriedenheit und unzureichende Bedürfnisbefriedigung aus. Viele Katzen miauen, wenn sie hungrig oder gelangweilt sind, hinaus wollen, sich einsam oder unsicher fühlen. Manchmal wollen Katzen auch einfach nur kurz unsere volle Aufmerksamkeit. Um genau herauszufinden, warum die Katze miaut, sollte das Verhalten dokumentiert werden. Ich bin mir sicher, dass viele Katzenbesitzer*innen verschiedene Miautöne bestimmten Stimmungen zuordnen können.

Unkontrolliertes, langgezogenes und stereotypes Miauen ist nicht normal und eine Auffälligkeit, die medizinisch und verhaltenstherapeutisch abgeklärt werden sollte. Gerade im hohen Alter kann es aufgrund einer Demenzerkrankung der Katze zu vermehrtem Miauen ohne Kontext kommen. Hier gilt es, die Katze positiv mithilfe eines Umorientierungssignals (siehe »Training: So klappt's«) aus dem Verhalten zu holen, um ihr eine ruhige Alternative wie zum Beispiel das Hinausblicken aus dem Fenster anzubieten, indem die Katze anschließend ans Fenster gelockt wird.

Katzen können hingegen auch lautlos miauen, das wird auch bei Katzen untereinander gezeigt und bedeutet so viel wie »Ich habe dich gern!«.

Das Gurren

Dieser Laut hört sich fast identisch mit dem Gurren der Tauben an. Er ist unter Katzen ein Begrüßungs- und Einladungslaut. Er sagt so viel aus wie »Schön, dass du da bist, ich habe dich vermisst!«, in manchen Situationen auch »Oh, schön! Komm, lass uns was gemeinsam machen!«. Auf das Gurren der Katze sollte daher immer positiv eingegangen werden, da es sowohl die Katze als auch die Besitzer*innen positiv stimmt. Einen ähnlichen Laut äußern Katzen auch, wenn sie in entspannter Stimmung gestreichelt werden und darauf vorher nicht gefasst waren.

Das Schnurren

Das Schnurren der Katze ist wohl neben dem Miauen einer der bekanntesten und zugleich beliebtesten Töne, die eine Katze von sich geben kann. Katzen schnurren schon wenige Tage nach der Geburt, vorrangig während des Nuckelns, um der Mutterkatze zu signalisieren, dass alles passt. Katzen schnurren aber nicht nur, wenn sie entspannt sind, sondern auch bei Krankheit oder in stressigen Situationen. Das Schnurren soll die Katze dabei selbst beruhigen und bei Krankheit zur schnelleren Heilung beitragen. Das Schnurren hat zudem einen sehr positiven Effekt auf uns Menschen. Es wirkt nicht nur psychisch aktiv stresslindernd, sondern auch physisch und senkt nachweislich unseren Blutdruck.

Das Schnattern

Das Schnattern, auch Keckern genannt, ist eine Übersprungshandlung. Es klingt ähnlich wie Zähneklappern oder das Gezwitscher eines Vogels. Dieses Verhalten wird häufig bei Katzen beobachtet, die ein Beutetier sehen, es aber nicht erreichen können. Ob die Katze mit diesem Laut das Beutetier anlocken möchte, sich den Tötungsbiss vorstellt oder Frust zum Ausdruck bringt, ist noch nicht geklärt.

Das Fauchen

Fauchen ist ein defensives Verhalten, das Katzen zeigen, wenn sie verängstigt sind. Dabei stößt die Katze einen gezielten starken Luftstoß aus, indem sie ihre Zunge wie einen Taco rollt. Fauchen wird immer aus einer negativen Stimmung heraus gezeigt, daher ist dieses Verhalten beim gemeinsamen Spielen nicht normal, sondern ein Anzeichen, dass sich die Katze bedroht fühlt. Die Steigerung von Fauchen ist das Spucken, um das bedrohliche Gegenüber zu vertreiben.

Das Knurren

Das Knurren wird häufig in Kombination mit dem Fauchen gezeigt, sowohl bei defensiver als auch bei offensiver Aggression. Es ist ein dumpfer, tiefer Ton und wirkt bedrohlich. Wird auf das Knurren der Katze nicht reagiert, zeigt sie ziemlich sicher weitere offensiv-aggressive Verhaltensweisen.

Das Schnaufen

Schnaufen wird gezeigt, wenn die Katze von einem bestimmten Reiz genervt ist. Das kann zum Beispiel beim gemeinsamen Spielen mit mehreren Katzen der Fall sein. Schnauft die Katze mehrmals am Tag ohne ersichtlichen Grund, muss dies tiermedizinisch abgeklärt werden.

Das Jaulen/Singen

Das Jaulen ist vor allem während der Paarungszeit im Frühling wahrzunehmen. Dabei jaulen/singen sich meistens fremde Kater an, um einen Konflikt zu vermeiden.

Das Schreien

Das Schreien ist ein sehr einprägsamer Laut, den hoffentlich nicht viele Katzenbesitzer*innen hören müssen. Schreien ist eine defensive Lautäußerung, die intensive Schmerzen oder starke Angst kommuniziert.

Die Gefühle der Katze

Die Gefühlswelt der Tiere zu erforschen oder nachzuempfinden, ist nahezu unmöglich. Leider tendieren wir dazu, Tiere, insbesondere Katzen, zu vermenschlichen, und schreiben ihnen Denkmuster oder Gefühle zu, die zu abstrakt sind. Bereits bekannt ist, dass Katzen Basisemotionen wie Angst, Wut, Ekel, Freude oder Traurigkeit empfinden können. Diese Emotionen spiegeln sich direkt im Verhalten der Katze wider und können zu Gefühlen wie zum Beispiel Hilflosigkeit, Trennungsangst, Einsamkeit, Frustration oder Langeweile erweitert werden. Katzen handeln also, *weil* sie Gefühle haben, und sind dabei immer ehrlich. Katzen reagieren in bestimmten Situationen nicht nur mit Flucht *(flight)* oder Angriff *(fight)*, also mit Angst oder Aggression, sondern haben andere Konzepte entwickelt, die ihnen helfen, Konflikte im Alltag zu vermeiden.

Interessant ist auch, dass die Gehirnbereiche des Menschen, die für die Emotionen zuständig sind, den entsprechenden Gehirnbereichen der Katze stark ähneln. Dennoch nehmen Katzen diese Gefühle wohl anders wahr als wir Menschen. Das limbische System des Gehirns ist der Motor der Emotionen und für deren Entstehung und Verarbeitung zuständig. Hier sitzt die *Amygdala* (Mandelkern), das Kerngebiet im Gehirn, das für die emotionale Bewertung verschiedener Situationen verantwortlich ist und daraufhin passende Reaktionen auslöst. Dieser Prozess findet unbewusst und unkonzentriert statt, Katzen können sich daher nicht einfach sagen: »Davor habe ich keine Angst.« Die Bewertung der Amygdala kann aber von bisherigen (negativen oder positiven) Erfahrungen beeinflusst werden. Daher »siegen« bei der

Katze in extremen Konfliktsituationen die Gefühle über den Verstand und es kommt folglich zur totalen Eskalation.

Schwieriger zu untersuchen und zu belegen ist, ob Katzen zu komplexen Emotionen wie Schuld, Scham, Rachsucht oder Eifersucht fähig sind. Wissenschaftler*innen gehen zum jetzigen Stand nicht davon aus, dass Katzen diese Emotionen erleben oder teilen, aber selbst wenn, wäre das nicht mit unserem Gefühlsleben zu vergleichen. Gerade eine Emotion wie Eifersucht wird vielen Katzen im Mehrkatzenhaushalt fälschlicherweise unterstellt. Dabei geht es der Katze in erster Linie nicht darum, einem anderen etwas wegzunehmen, sondern vielmehr darum, etwas selbst oder auch zu haben. Katzen stellen sich selbst an erste Stelle. Selbstliebe wird bei der Katze großgeschrieben, ihr Wohlbefinden hat für sie selbst höchste Priorität.

Auch Schuldgefühle oder Rachegefühle werden Katzen mitunter unterstellt, wenn sie gerade Blödsinn gemacht haben. Oft höre ich dann, dass die Katze einem die kalte Schulter zeigt und schmollt, wenn geschimpft wird. Dabei ist Ausschimpfen aus erzieherischer Sicht nicht nur sinnlos, sondern auch aus emotionaler Sicht unfair. Katzen reagieren auf unsere negative Stimmung mit Kontaktabbruch, was dazu führt, dass wir sie mit Wörtern wie »schmollende«, »beleidigte« oder »sture« Katze labeln.

Hat deine Katze Stress?

Das Empfinden von Stress ist wie bei uns Menschen eine individuelle Wahrnehmung. Fakt ist, dass Katzen aus Handaufzucht, schlecht sozialisierte Katzen oder Katzen, die in

reizarmen Umgebungen aufgewachsen sind, stressanfälliger sind. Auch werden Katzen im Alter stressempfindlicher, als es junge adulte Katzen sind. Stress- und Schmerzempfinden sind eng miteinander verknüpft. Aus chronischem Stress heraus entwickeln sich nicht selten physische Erkrankungen wie Blasenentzündungen. Schmerzen führen immer zu Stress, da durch das physische Unwohlsein auch das psychische Wohlbefinden stark beeinträchtigt ist.

Gänzlich entfernen kann man Stressfaktoren im Leben einer Katze leider nicht – und das muss auch gar nicht das Ziel sein. Das Ziel ist eher, dass Katzen selbstwirksam agieren können und wir sie in unvermeidbaren Stresssituationen umorientieren können.

Einerseits bewertet das Katzengehirn individuell, ob eine Situation stressig ist oder nicht, andererseits gehört Stress im Leben der Katze dazu. Folgende Situation werden allerdings in den meisten Fällen als stressig empfunden:

- Neue Umgebungen
- Umzüge oder Renovierungen
- Plötzliche, unkontrollierte Bewegungen
- Plötzlicher Lärm
- Ressourcenknappheit (zu wenig Futter, kein*e Sozialpartner*in)

Stress kann dabei helfen, neue Lernerfahrungen zu machen, um sie in ähnlichen Situationen anzuwenden. Unglücklicherweise bleibt es jedoch nicht bei den »gesunden« und fürs Leben wertvollen Stresssituationen. Das Zusammenleben mit uns Menschen und mehreren Katzen auf manchmal sehr engem Raum sorgt für weitere Stressreaktionen im Katzenkörper. Die Aufgabe von uns Katzenbesitzer*innen ist es nun, offensichtliche Stresssituationen zu vermeiden, unser Anti-Stress-Management durch unser Wohnraummanagement zu unterstützen und unsere Katzen emotional zu begleiten.

Ein kurzes Gedankenspiel:
Du hast zwei Katzen namens Pippi und Tommy, die gerne in den Garten hinausgehen. Im Sommer steht die Terrassentür durchgehend, auch in deiner Abwesenheit, offen. Dadurch können beide Katzen selbstständig entscheiden, wann sie hinausgehen. Seit Kurzem kommt die Nachbarskatze in deinen Garten und sogar in deinen Wohnbereich. Du hast nun beschlossen, dass du deine Terrassentür während deiner Abwesenheit schließt. Das löst gerade bei Pippi negative Gefühle wie Frustration und auch Langeweile aus. Wenn du dann auch noch die tägliche Spieleinheit für mehrere Tage auslässt, kommt es zu Aggressionsverhalten von Pippi gegenüber Tommy. Sie kanalisiert ihre negativen Gefühle in Aggression, das sorgt bei beiden Katzen für zusätzliches Stressempfinden und schädigt die Beziehung.

Die offensichtliche Stresssituation kann vorerst nicht gemieden werden, das ist leider bei den meisten Verhaltensproblematiken bittere Realität. Eine Möglichkeit in diesem Beispiel wäre, dass du eine chipgesteuerte Katzenklappe in die Tür einbaust, so können die Katzen ihre Ausflugszeiten weiterhin selbstständig wählen. Darüber hinaus kannst du die Stimmung deiner Katze durch ein adaptiertes Wohnraummanagement aufhellen. Kratzbäume mit Ausblick nach draußen, Fensterliegen und Kommunikationsmöglichkeiten durch Markieren könnten die Beschwerden von Pippi lindern.

Bei Stressproblematiken ist auch die Unsicherheit der Katzen ein großes Thema. Erwartungsunsicherheit führt zu einer höheren Stressbelastung. Der Eindruck des Kontrollverlusts ist auch für Katzen kein schönes Gefühl und kann verstärkend auf Angstgefühle wirken. Viele Katzen entwickeln dann den Zwang, jede Situation nachzukontrollieren und eventuell Katzenpartner*innen, zu denen die Beziehung nicht ganz so gut ist, nachzulaufen. Das Verhalten selbst gibt der Katze Kontrolle über die Situation, führt bei allen Haushaltsmitgliedern aber zu mehr Stress und somit einem stressgeladenen Zusammenleben. Gefestigte Routinen und ein fester Tagesablauf helfen dabei, der Unsicherheit und der Angst entgegenzuwirken.

Eskalationsstufen

Das Spektrum des Stressverhaltens ist breit gefächert und individuell. Das fängt schon bei sehr subtilen Verhaltensweisen an. Aus zunächst subtilen Verhaltensweisen kann sich dann extremes Stressverhalten entwickeln. Das Ganze kann man zu verschiedenen Eskalationsstufen zusammenfassen. Katzen zeigen also akute Stressanzeichen, die bei Nichtveränderung des Reizes verstärkt ausgedrückt werden.

Unser Ziel ist es, Katzen auf der untersten Stufe abzuholen und das Verhalten in eine positive Stimmung umzulenken, um zu deeskalieren. Katze versuchen in erster Linie immer einen Konflikt zu vermeiden, gelingt ihnen das nicht, sehen sie sich gezwungen, deutlicher zu werden.

Auf der **Eskalationsstufe 1** stehen daher eher leichte Konfliktsignale. Darunter versteht man das Züngeln, ein kurzweiliges Schlecken über den Nasenspiegel oder auch das bewusste Wegsehen.

Auf **Stufe 2** werden die Beschwichtigungssignale deutlicher, der Körperschwerpunkt oder der Kopf werden weggedreht, es wird umhergeschaut oder gezielt geblinzelt.

Die **Stufe 3** ist durch Übersprungshandlungen gekennzeichnet, die Katze ist erstmals mit der Situation überfordert und versucht, dies durch andere Verhaltensweisen zu lösen. Dabei kann sie den Boden abschnüffeln, sich am Ohr kratzen, auch an der Schulter putzen. Verändert sich die Situation nicht, werden die Beschwichtigungssignale stärker (**Stufe 4**) und es kommt als Folge auf **Stufe 5** zu Drohverhalten. Der Cortisolspiegel der Katze steigt an, was dazu führen kann, dass sich das Fell sträubt und die Atmung der Katze schneller wird. Sie knurrt, faucht und agiert erst einmal defensiv. Spätestens hier sollten wir versuchen, die Katze durch Umorientierungssignale abzulenken, um keine totale Eskalation (**Stufe 6**) zu riskieren. Denn bei dieser Stufe kommt es zu offensiv-aggressiven Verhaltensweisen wie Beißen oder Pfotenschlagen.

Passive Stressanzeichen

Zudem existieren noch passive Stressreaktionen, die auftreten, wenn die Katze im Dauerstress ist. Die Katzen nehmen dabei nicht mehr aktiv am Leben teil und wirken lethargisch. Sie schlafen deutlich mehr als vierzehn Stunden am Tag und wollen nicht mit anderen Tieren oder Bezugspersonen interagieren. Die Schlafposition ist meistens versteckt und eingerollt, ausgestreckt mit der Bauchseite nach oben zeigend findet man diese Katzen nicht vor. Das Fressverhalten verändert sich. Beispielsweise fressen diese Katzen aus Langeweile deutlich zu viel, denn auch permanente Langeweile verursacht Dauerstress. Oder die Katze hat keinen Appetit und frisst deutlich weniger.

Im Zusammenhang mit Stressanzeichen ist es mir besonders wichtig, auf das sogenannte Schmerzgesicht der Katze aufmerksam zu machen. Katzen nehmen eine bestimmte Position wiederholt ein, wenn es ihnen nicht gut geht. Dabei verstecken sie die Pfoten und den Schwanz unter der Brust. Diese Liegeposition wird im Englischen als »cat loaf« bezeichnet, da die Katzen dabei ähnlich wie ein (Toast-)Brot oder Fleischbraten aussehen. Der Kopf ist dabei zusätzlich leicht eingezogen. Neben der Schmerzposition ist aber insbesondere die Mimik der Katze wichtig. Dabei wird die Stirn leicht gerunzelt und die Ohren können abgeklappt werden. Die Augen werden zusammengekniffen und bei vielen Katzen ist die Nickhaut, das dritte gräuliche Augenlid, das im Innenwinkel des Katzenauges sitzt, erkennbar. Die Vibrissen hängen zur Seite gerichtet hinunter und die Mundpartie wirkt geschwollen und voll. Zusätzlich kann es auch zu vermehrtem Speichelfluss kommen.

Im Großen und Ganzen wirkt die Katze in der Schmerzposition hilflos und apathisch. Bei diesen Anzeichen sollte immer jemand mit entsprechender Expertise zu Rate gezogen werden.

Von Menschen und Katzen

Beziehungen sind komplex und existieren immer, wenn auch auf verschiedenen Ebenen. Wenn deine Katze frisch bei dir eingezogen ist, hast du bereits eine Beziehung, auch wenn sie vielleicht auf den ersten Blick distanziert oder zweckgerichtet erscheint. Beziehungen bestehen immer zwischen zwei oder mehreren Individuen, die für die Art der Beziehung mitverantwortlich sind. Du kannst durch positives und bedürfnisorientiertes Training die Beziehung zu deiner Katze immer verbessern. Ob aus einer ehemaligen Zweckbeziehung wie »Ich bin der Futterautomat meiner Katze« eine innige, emotionale Beziehung wird, hängt bei Katzen vor allem von der Sozialisierung ab. Hatte die Katze von der zweiten bis zur siebten Lebenswoche keinen, wenig oder als sehr negativ empfundenen Kontakt zu Menschen, kann es sein, dass sie zu keiner positiv besetzten Beziehung fähig ist. Der Entzug der sozialen Kontakte hat bei Katzen einen sehr großen Einfluss auf die emotionale und soziale Entwicklung. Dabei kann auch bereits Erlebtes die Beziehung beeinflussen. Insbesondere wenn der erste Kontakt zwischen MenschKatze oder KatzeKatze vorwiegend positiv ist, trägt das zu einem verstärkten Sympathieeffekt bei. Das bedeutet: Je mehr positive Erlebnisse mit der Katze geteilt werden, umso emotionaler wird die Beziehung! Schließlich erfordert eine gesunde Beziehung immer gegenseitige Mitarbeit, zeigst du deiner Katze Zuneigung, wird sie diese mit

sehr hoher Wahrscheinlichkeit auch zurückgeben. Dasselbe gilt natürlich auch für die Katze-Katze-Beziehung. Voraussetzung ist hier, dass die Katze die Zuneigung der Bezugsperson oder Mitkatze auch wirklich als positiv empfindet. Neben der Sicherung von Bedürfnissen wie genügend Futter-, Schlaf-, Rückzugs- oder Kratzmöglichkeiten sind im Wesentlichen Beziehungen für das psychische Wohlbefinden der Katze verantwortlich. Gute Beziehungen sorgen für Stabilität im Leben der Katze und steigern die Lebensqualität.

Um eine gesunde Beziehung zur Katze aufzubauen und beizubehalten, sollten Beziehungsregeln eingehalten werden. Sie dienen in erster Linie zur Orientierung und zu einem besseren Verständnis, vor allem in der Mensch-Katze-Beziehung.

Regel Nr. 1 – Positivität

Wir sorgen für ein positives psychisches Wohlbefinden, indem wir den Fokus auf erwünschtes Verhalten richten. Die Katze wird für störende Verhaltensweisen nicht bestraft, sondern durch passende Erziehungsmaßnahmen umorientiert. Die Katze wird gewaltfrei und katzenfreundlich erzogen. Die Bedürfnisse werden wahrgenommen und so umgesetzt, dass es für Mensch und Tier passend ist.

Regel Nr. 2 – Respekt

Die Katze wird als fühlendes Wesen wahrgenommen, und wir akzeptieren ihre Entscheidung, »Nein« zu sagen. Das ist besonders bei »Kuschelversuchen« wichtig. Insgesamt wird die Individualdistanz der Katze respektiert und nicht versucht, sie durch angsterregende Situationen durchzulocken.

Das gilt zum Beispiel auch, wenn du Besuch bekommst. Die Grenzen deiner Katze müssen von allen Beteiligten wahrgenommen werden, deine Aufgabe ist es, sie zu kommunizieren.

Regel Nr. 3 – Erwartungssicherheit
Wir sorgen für Sicherheit im Leben der Katze und sind als Bezugsperson ein Ankerpunkt. Die Katze kann sich auf uns verlassen und sucht gerne Kontakt, da sie weiß, dass sie von uns Positives und keine plötzlichen Stimmungsveränderungen oder aversives Training von uns zu erwarten hat. Das lernt sie durch gemeinsame Routinen und Klarheit in der Kommunikation.

Regel Nr. 4 – Gemeinsame Lösungsfindung
Es wird nicht *gegen* die Katze gearbeitet, sondern *mit* ihr. Die Katze wird bei störendem Verhalten oder Verhaltensauffälligkeiten nicht als treibendes Problem oder »Schuldige*r« angesehen. Es wird versucht, eine Lösung zu trainieren, die für das Wohlbefinden von Katze und Mensch sorgt.

Regel Nr. 5 – Fairness
Wir erwarten und fordern nicht zu viel, gerade dann nicht, wenn nicht ausreichend trainiert wurde. Wir passen die Übungen an den Trainingsstand der Katze an und überfordern sie nicht. Wir setzen also im Alltag eine Grenze zwischen bewusstem Training der Alternativübungen und Ernstfall. Solange wir im Ernstfall aufgrund des Trainingsstandes der Katze nicht auf die trainierten Übungen zurückgreifen können, werden Managementmaßnahmen eingesetzt. Da-

durch findet keine Eskalation statt und wir können positiv mit der Situation umgehen.

Die Mensch-Katze-Beziehung

Die Intensität der Beziehung mit der Katze ist also von vielen Faktoren abhängig. Eine Studie aus dem Jahr 2019, angeleitet von der Katzenwissenschaftlerin Dr. Kristyn Vitale, hat gezeigt, dass sich Katzen bei guter Haltung sehr stark an uns Menschen binden. Es wurde der sogenannte »*Secure Base Test*«, der einem Test zur Bindungsforschung zwischen Kleinkindern und deren Elternteilen nachempfunden ist, angepasst durchgeführt. Dabei befanden sich Katzenbesitzer*in und Katze im ersten Teil des Tests für wenige Minuten in einem unbekannten Raum. Anschließend wurde die Katze allein gelassen, das Verhalten wurde mit Videokameras überwacht. Im letzten Teil kam der*die Besitzer*in zurück. Jeder Teil dauerte gleich lange. Die Katzen zeigten bei Abwesenheit des Menschen deutliche Stressanzeichen, miauten viel, liefen langsam und geduckt herum oder erstarrten. Als die Bezugsperson in den Raum kam, wandten sich viele Katzen sofort ihr zu, genossen Streicheleinheiten und erkundeten dann selbstständig und um einiges selbstbewusster den Raum. Ich bin mir sicher, dass uns Katzenbesitzer*innen schon lange klar ist, dass wir unseren Katzen Sicherheit vermitteln können, sodass sie in bestimmten Situationen weniger ängstlich reagieren. Aus wissenschaftlicher Sicht ist dieses Ergebnis bemerkenswert, denn bisher wurde Katzen kein so enges Bindungsverhalten zugeschrieben. Die Ergebnisse sprechen aber für sich: Katzen binden sich an ihre Besitzer*innen wie Kinder an ihre Eltern. Das bedeutet keineswegs, dass wir für Katzen eine Elternrolle übernehmen. Es bedeutet lediglich, dass Katzen eine innige Beziehung zu uns aufbauen können und unsere Beziehung das Verhalten der Katze nachhaltig und positiv verändern kann. Die Grundlage zur Problemlösung bei jedem unerwünschten Verhalten oder bei einer Verhaltensauffälligkeit ist daher der Aufbau einer gesunden Beziehung zur Katze, um ihr Wesen zu stärken.

Eine Vermenschlichung darf allerdings nicht stattfinden, Katzen als Kinderersatz anzusehen sorgt für eine ungesunde Beziehung, viele Missverständnisse in der Kommunikation und folglich zu Unzufriedenheit. Wie uns Katzen wirklich sehen – ob als menschliche Katzenmama, ungeschicktes adoptiertes Katzenkind oder als Freund*in –, bleibt wohl für immer ein kätzisches Geheimnis.

Wie alles begann – Die Domestikation der Katze

Um die Beziehung besser zu verstehen, müssen wir einen Blick in die Vergangenheit werfen. Der wissenschaftliche Name unserer Hauskatze ist *felis catus*, sie stammt von der Falbkatze, auch Afrikanische Wildkatze, der *felis silvestris lybica*, ab. Das bestätigt auch eine Studie aus dem Jahr 2009, in der die DNA von knapp tausend Hauskatzen und Wildkatzen untersucht wurde. Das Ergebnis der Studie: Alle domestizierten Katzen sind Nachfahren der Afrikanischen Wildkatze.

Der Weg der Katze zum beliebtesten Haustier im deutschsprachigen Bereich ist beeindruckend. Die Haustierwerdung der Katze wirft bis heute etliche Fragen auf

und ist nicht gänzlich geklärt. Bisher dachten Wissenschaftler*innen, dass die Katze vor etwa viertausend Jahren in Ägypten domestiziert wurde. Die Afrikanische Wildkatze wurde in vielen ägyptischen Gräbern gefunden, aber auch Skulpturen und Malereien zeugen vom Zusammenleben mit Menschen. Jüngste archäologische Entdeckungen weisen jedoch darauf hin, dass die Haustierwerdung viel eher begann. Im Jahr 2004 wurde ein 9500 Jahre altes Grab auf der Mittelmeerinsel Zypern entdeckt. In diesem Grab befanden sich die Überreste eines erwachsenen Menschen und einer zirka acht Monate alten Katze mit weiteren Beigaben, wie zum Beispiel Muscheln.

Dieser Fund wirft eine neue Perspektive auf die Entwicklung der Mensch-Katze-Beziehung. Denn die Falbkatze war auf dieser Insel ursprünglich nicht heimisch, das bedeutet, dass der Mensch sie eingeführt haben muss.

Die tatsächliche Domestizierung begann daher vermutlich vor etwa 10 000 Jahren. Als die Landwirtschaft im fruchtbaren Halbmond begann, zog das natürlich viele Nagetiere wie Mäuse, Ratten oder Hasen und somit auch kleine Raubtiere an. Die Nager fraßen nicht nur das Getreide, sondern verunreinigten die Getreidespeicher mit Kot und Urin, was zu Krankheiten und Unwohlsein bei den Einwohner*innen führte. Die Afrikanische Wildkatze erwies sich bei der Bekämpfung der Nagetiere als hilfreich und wurde daher toleriert. Sowohl für den Menschen als auch für die Wildkatze war das eine Win-win-Situation. Der Mensch trug zur anfänglichen Domestikation zuerst nicht aktiv bei, aus diesem Grund wird häufig von der *Selbstdomestikation* der Katze gesprochen. Später wurden Katzen zwar auch mit Essensresten zugefüttert, angewiesen war sie darauf allerdings nicht. Katzen behielten stets ihre Selbstbestimmung und Unabhängigkeit vom Menschen bei, und das über mehrere Tausende von Jahren. Dank ihrer steigenden Beliebtheit als schädlingsbekämpfende Nutztiere wurden Katzen auf Schiffen an viele Orte weltweit gebracht, um auch dort dieser Aufgabe nachzukommen.

Erst im 19. Jahrhundert wurde das absichtsvolle Halten von Haustieren populär. Somit zogen auch immer mehr Katzen in die Wohnräume der Menschen ein. Zu diesem Zeitpunkt fanden auch die ersten gezielten Verpaarungen von Katzen statt. Auch wenn es mittlerweile neben der Hauskatze sechsunddreißig verschiedene Katzenrassen gibt, bleibt jede Rassekatze eine Hauskatze, da sie alle ursprünglich von der Afrikanischen Wildkatze abstammen. So wurde im Laufe der Zeit aus dem ausdauernden Schädlingsbekämpfer ein geliebtes Familienmitglied.

Der Ausdruck von Liebe

Vielen ist es wichtig, dass Katzen uns Liebes- und Zuneigungszeichen zeigen. Schließlich entscheiden sich einige unter anderem für eine Katze als Haustier, um nicht allein zu sein.

Liebe ist wohl einer der komplexesten Phänomene und wird je nach Kultur und eigenem Erleben anders wahrgenommen und definiert. Wissenschaftlich gesehen ist Liebe das Gefühl von Zuneigung und Verbundenheit zwischen Individuen. Häufig wird Hauskatzen unterstellt, dass sie keine Liebe zeigen oder gar empfinden können. In Wahrheit ist es aber so, dass wir die Zeichen von Zuneigung entweder als normales katzentypisches Verhalten oder überhaupt

nicht wahrnehmen. Nicht nur zeigt dabei jede Katze die arttypischen Anzeichen wie das Köpfchengeben, es gibt auch viele individuelle Signale, die bei Katzen Liebe ausdrücken. Das gemeinsame Kuscheln wird häufig als einzig wahrer Liebesbeweis angesehen. Auf Liebe sollte aber keinesfalls nur vom Kuscheln abhängig geschlossen werden, da Katzen noch weitaus mehr Zeichen der Verbundenheit zeigen. Und übrigens: Das Gegenteil von Liebe ist nicht Hass, sondern Angst oder Unsicherheit. Wenn dir deine Katze keine Zuneigung zeigt, dann hat sie die nötigen positiven Erfahrungen als Kitten nicht gemacht oder bereits schlechte Erlebnisse mit Menschen verknüpft. Auch Krankheit und Stress können ein Grund für die Abwesenheit von Zuneigung sein. Trotzdem gibt es einige Anhaltspunkte, an denen du erkennst, wie deine Beziehung zu deiner Katze ist:

Zutraulichkeit gegenüber den Bezugspersonen

Wenn deine Katze regelmäßig den Kontakt sucht, sich gerne in denselben Räumen wie ihre Bezugspersonen aufhält und dort auch für einige Zeit bleibt, selbst wenn kein inniger Kontakt stattfindet, ist das ein Zeichen einer gesunden Beziehung.

Selbstsicheres Verhalten in ungewöhnlichen Situationen

Katzen, die eine gute Beziehung zu ihren Besitzer*innen pflegen, sehen sie als Ankerpunkte. Sie orientieren sich dann in stressigen Situationen an ihren Menschen, die ihnen mit positivem Zuspruch Sicherheit vermitteln. Das nächste Mal, wenn du mit deiner Katze in der Tiermedizinpraxis bist, kannst du ihr durch ruhiges Zureden etwas die Angst nehmen. Aber auch allgemein gilt ein selbstbewusstes Auftreten in Anwesenheit der Bezugsperson in Alltag und bekannten Situationen als großer Vertrauensbeweis.

Trennungsstress

Ein nicht so schönes Zeichen und ernst zu nehmendes Problem ist die Trennungsangst. Sie kannst du am besten mit einer Überwachungskamera erkennen. Katzen, die eine sehr enge Bindung an ihre Besitzer*innen haben und schon fast eine abhängige Persönlichkeit entwickelt haben, weinen bitterlich hinter der Eingangstür. Trennungsangst kann sich auch in Unsauberkeit bei Abwesenheit oder Zerstörungswut widerspiegeln. Hier kann mittels Entspannungsmanagement entgegengewirkt werden (siehe Kapitel »Probleme verstehen und lösen«).

Freude bei Rückkehr der Bezugspersonen

Ziemlich sicher freut sich jede Katze über das Nachhausekommen der Bezugspersonen. Das erkennst du daran, dass sich deine Katze um deine Beine reibt, versucht, ihren Kopf an deinem zu reiben, oder auch eine kurze, aber intensive Kratzeinheit am Teppich einlegt. Auch freundliches und ruhiges Miauen in Kombination mit Gurren und Schnurren ist ein Zeichen der Freude. Einige Katzen hopsen auch mit den Vorderpfoten in die Höhe. Dieses Verhalten ist ein kindliches Verhalten, das das Kitten gegenüber der Mutterkatze zeigt, um Köpfchen zu geben. Ist die Freude hingegen sehr überschwänglich und fast schon zu intensiv, kann davon ausgegangen werden, dass die Katze bei Abwesenheit großen Trennungsstress verspürt hat.

Es gibt natürlich auch eindeutige Verhaltensweisen, die Vertrauen ausdrücken:

Schnurren und Treteln

Das Schnurren wurde bereits im Kapitel »Die Sprache der Katze« angeführt. Schnurren ist in den meisten Fällen ein Ausdruck von Wohlbefinden und damit natürlich auch Zuneigung. Manchmal zeigen Katzen das Schnurren mit einem lautlosen Miauen, das auf eine innige Beziehung zur Katze zurückzuführen ist. In tiefer Entspannung wird das Schnurren in Kombination mit dem Treteln gezeigt. Dabei drückt die Katze abwechselnd ihre Vorderpfoten auf einen weichen Untergrund. Auch wenn das Treteln für uns etwas schmerzhaft sein kann, ist es für die Katze ein Zeichen tiefen Vertrauens, denn dieses Verhalten zeigt die Katze bereits als Kitten bei ihrer Mutter. Der ursprüngliche Zweck des auch Milchtritt genannten Tretelns ist es, die Zitze der Mutter zu stimulieren, um den Milchfluss zu fördern.

Blinzeln

Das Blinzeln ist ein sehr vertrautes Signal und als Annäherung im Alltag ideal. Am besten, du blinzelst deine Katze in entspannten Situationen mehrmals an und gibst ihr die Möglichkeit, das Verhalten zurückzugeben. Auch in stressigen und ungewohnten Situationen kannst du als Besitzer*in durch das Blinzeln Sicherheit vermitteln.

Köpfchen geben

Ein weiteres Anzeichen von Zuneigung ist das Köpfchengeben. Das Verhalten dient wohl dem sogenannten Allomarkieren, dabei wird ein gemeinsamer Gruppenduft hergestellt. Dabei reibt die Katze ihren Kopf nicht nur am Kopf ihres Menschen oder einer Mitkatze, sondern auch an den Beinen. Es ist also ein starkes Signal von Verbundenheit.

Nasenbussi

Ein ähnliches Verhalten wie das Köpfchen geben ist das Nasenbussi. Dabei stupst die Katzennase deine oder die Nase der Mitkatze an. Das Verhalten wird sehr häufig unter befreundeten Katzen als Begrüßungsritual gezeigt. Im Anschluss werden dann meistens noch die Köpfchen aneinandergestoßen.

Po in dein Gesicht strecken

Und ja, das ist mein voller Ernst, ich hoffe, dass du dich freust, wenn deine Katze das nächste Mal ihren Hintern in dein Gesicht streckt! Sie macht das bewusst, denn im Afterbereich liegen Duftdrüsen. Die Katze drückt damit Folgendes aus: »Schau mal, riech an mir, du kennst mich, wir sind Familie.« Unter Katzen wird dieses Verhalten als Begrüßungsritual ausgeführt.

ABER ACHTUNG: Das Verhalten ist nur dann ein Zeichen der Zuneigung, wenn es bewusst und gewollt geschieht und die Katze dem Gegenüber regelrecht den Po ins Gesicht drückt. Wenn eine Katze mehrmals am Hintern einer anderen Katze riechen möchte, ohne dass diese ihren Po präsentiert, ist das ein Zeichen, dass sich die Katzen nicht gut kennen oder einander nicht geheuer sind. Menschlich kann man das mit einem Winken aus der Entfernung vergleichen. Besteht eine Katze also andauernd und hartnäckig auf dieser Geruchskontrolle, sorgt das für Stress bei beiden Katzen, und die »Schnüfflerin« sollte positiv umorientiert werden.

Schwänzeln

Beim Schwänzeln »umklammert« die Katze mit ihrer Rute die Mitkatze oder uns, unser Bein oder unseren Kopf. Diese Bewegung wird oft in Kombination mit dem Köpfchenstoßen oder dem Po-ins-Gesicht-Strecken gezeigt.

Kuscheleinheiten und einfaches »Dabeisein«

Das Aufsuchen des Menschen oder das gemeinsame Kuscheln wünschen sich viele als Liebesbeweis am meisten. Dabei ist es wichtig, zu verstehen, dass nicht jede Katze das Kuscheln mit Menschen genießt. Das kommt einerseits auf den Charakter der Katze, zum anderen auf den aktuellen Gesundheitszustand und bisherige Erfahrungen mit Menschen an. Beim gemeinsamen Kuscheln kommt es zu einem Anstieg des Hormons Oxytocin, das aber auch nur, wenn die Haltung der Katze artgerecht ist und die Beziehung stimmt. Eine Katze, die kein emotionales oder soziales Verhältnis zu der streichelnden Person pflegt, wird wohl eher keine Oxytocinausschütung erleben. Auch wenn viele Katzenbesitzer*innen nur dieses direkte und intensive Kuscheln als Ausdruck von Liebe sehen, ist das Liegen mit ein wenig Abstand neben dem Menschen oder auch nur im selben Raum wie er auch bereits ein Signal des Vertrauens.

Bauch präsentieren

Dieses Verhalten sorgt wohl für die meisten Missverständnisse in der Mensch-Katze-Beziehung. Leicht werden wir aufgrund des flauschig aussehenden Bäuchleins unserer Katze dazu verleitet, ihn anzufassen, was dann leider oft mit einer zerkratzten und blutigen Hand endet. Katzen zeigen uns den Bauch, weil sie großes Vertrauen haben, es ist aber nicht als direkte Streichelaufforderung gedacht. Viele Katzen werfen sich regelrecht auf den Rücken, wenn ihre Besitzer*innen wiederkommen oder die Katze aus der Distanz angesprochen wird. Während einer aktiven gemeinsamen Kuscheleinheit drehen sich einige Katzen auf den Rücken. Auch das heißt in erster Linie nicht, dass du den Bauch berühren darfst. Gerade solche unangekündigten Bewegungen, die die Katze nicht sieht, können auf die Katze erschreckend wirken, sodass sie defensiv reagiert. Es gibt natürlich auch Ausnahmen, bei denen das Bauchkraulen als sehr entspannend empfunden wird – übertreiben sollten wir es damit aber nicht.

Finger beknabbern und abschlecken

Auch das Beknabbern oder kurze Abschlecken von Fingern kann in Kuschelsituationen ein Zeichen von Zuneigung sein, das zu einem gemeinsamen Gruppengeruch beiträgt. Hier müssen allerdings die Gesamtsituation und die Körpersprache der Katze beobachtet werden, um beurteilen zu können, ob es sich um ein positiv besetztes Verhalten handelt. Das Signal wird unter anderem auch als Unterbrechungssignal gezeigt, die Katze möchte also ihre Ruhe haben. Zeigen Katzen das Knabbern oder Abschlecken urplötzlich, aber sehr kurz, möchten sie uns mitteilen, dass sie überfordert oder überreizt sind und wir unser Verhalten, in den meisten Fällen das Streicheln, stoppen sollen.

Zur Aktivität auffordern

Deine Katze fordert dich regelmäßig zu Spiel-, Clicker- oder Kuscheleinheiten auf. Die Aufforderungen können diesbezüglich sehr unterschiedlich sein. Manche Katzen kratzen

z. B. an Teppich oder Sofa mit Blick zur Bezugsperson, um eine Spieleinheit einzuleiten. Diesen Forderungen sollte man als Besitzer*in nachkommen oder, wenn keine Zeit ist, eine Alternative in Form eines Futterspiels anbieten. Dadurch lernen Katzen, dass ihr Verhalten selbstwirksam ist und sie ihren Alltag aktiv mitgestalten können.

Geschenke bringen

Zu guter Letzt wäre auch das Geschenkebringen in Form von Spielzeug, lebendiger Beute oder anderen (Natur-)Gegenständen ein Zeichen tiefsten Vertrauens. Das Bringen der Geschenke dient dabei vor allem als Aktivitätsaufforderung. In manchen Fällen werden wir auch mit halbtoten Mäusen beschenkt. Das ist sehr interessant, denn die Mutterkatze bringt auch ihren Kitten tote und halbtote Tiere, um die Abläufe des Jagens zusätzlich zu üben.

Das Schenken ist nicht nur ein selbstbelohnendes Verhalten, da das Jagen gut genährten Katzen Spaß macht, sondern wird auch durch unseren oft positiven Zuspruch gefördert.

Streicheln – so machst du es richtig

Das Streicheln kann für Mensch und Katze entspannend sein und sorgt für eine Steigerung der Lebensqualität und das Aufladen des Lebensakkus der Katze. Es stärkt die Beziehung, aber auch nur dann, wenn das gemeinsame Streicheln gewollt ist und die Katze bewusst gestreichelt wird. Denn leider kommt es manchmal zu einer Überstimulation, die körpersprachlich von vielen Besitzer*innen nicht wahrgenommen wird. »Plötzlich« und »aus heiterem Himmel« greift dann die zuvor entspannte Katze an. In der Fachsprache wird das als *petting aggression* oder als *petting and biting syndrome* bezeichnet. Das passiert vor allem dann, wenn die Katze an einer Stelle intensiv berührt wird, dann kommt es zur Überreizung, die Katzen als sehr unangenehm empfinden. Noch unangenehmer ist es, wenn Besitzer*innen dabei auch gegen den Strich der Katze streicheln. Am besten berührst du deine Katze nur in Fellrichtung oder kraulst sie in kleinen kreisenden Bewegungen und achtest dabei auf ihre Körpersprache. Je nach Erfahrungswert der Katze zeigt sie es sehr klar oder weniger deutlich an, wenn es zu viel ist. Dabei wenden sich die meisten Katzen sowohl mit der gesamten Körperhaltung und dem Körperschwerpunkt als auch mit dem Blick von der Hand ab, schlagen je nach Position die Pfoten ein oder ziehen sie an sich. Beobachten kann man weiterhin ein kurzzeitiges Zucken des Fells (meistens im Bereich des unteren Rückens) oder ein kurzzeitiges Auf-und-Ab-Bewegen der Schwanzspitze oder des gesamten Schwanzes. Auch werden Übersprungshandlungen wie das Züngeln oder das plötzliche Abschnüffeln des Untergrunds gezeigt. Zusätzlich unterbrechen manche Katzen das Schnurren und knurren oder schnaufen stattdessen. Anschließend kann es zu einer noch deutlicheren Kommunikationsstrategie kommen, indem die Katze die streichelnde Hand mit ihrer eigenen Pfote zu Boden drückt, die Hand plötzlich abschleckt oder daran sanft knabbert. Werden all diese Signale ignoriert, dann kommt es zu »plötzlichen« Beiß- und Kratzattacken, die bei genauem Hinsehen gar nicht plötzlich waren. Leider lernen einige Katzen, dass es sich lohnt, direkt klar zu kommunizieren. Hier muss sehr intensiv auf subtile Körpersprachesignale, wie zum Beispiel das Wegschauen oder die Veränderung der Atmung, geachtet werden, damit die Situa-

tion nicht eskaliert. Passiert es doch, dass die Katze nach der Hand kratzt oder beißt, sollte Ruhe bewahrt werden. Weder für die Katze noch für dich ist diese Situation angenehm und aus Katzensicht ist die Gesamtsituation bereits negativ. Schimpfen würde hier nur zu einer weiteren negativen Verknüpfung und zu einer Verschlimmerung der akuten und der weiteren Streichelsituationen kommen. Am besten, du stoppst augenblicklich das Streicheln, redest beruhigend mit der Katze und ziehst langsam deine Hand zu dir.

Aber damit genau dieses Szenario nicht eintritt, hat die britische Wissenschaftlerin Lauren R. Finka und ihr Team mithilfe eines Tierrettungszentrum geforscht und das sogenannte »CAT«-Prinzip für ein stressfreies und positives Kuschelerlebnis entwickelt. Das C steht für *Choice and Control,* das A für *Attention* und das T für *Touch.*

Im Detail bedeutet das Folgendes:

C – Choice and Control: Deine Katze hat die Wahl!

Möchte deine Katze in diesem Moment wirklich beschmust werden oder ist es in erster Linie nur dein akuter Wunsch? Gib deiner Katze die Wahl und frage nach. Das machst du, indem du ihr deine Hand mit ein wenig Abstand zu ihrem Gesicht anbietest. Sucht sie aktiv den Kontakt zu deiner Hand, kannst du sie streicheln. Da sich auch die Stimmung deiner Katze während einer Kuscheleinheit verändern kann, solltest du regelmäßig, am besten alle zehn Minuten, erneut nachfragen.

A – Attention: Sei achtsam und bedacht!

Bewusstes Streicheln macht hier definitiv einen Unterschied!

Denn genau so kannst du eine Überreizung durch das Kuscheln frühzeitig erkennen und dementsprechend reagieren. Achte auf alle Fälle auf die Signale, die dir deine Katze mitteilt.

T – Touch: Hals, Kopf oder Bauch?

Zartes Streichen über das Fell in Bereichen, die Katzen in der Regel mögen, ist ein guter Anfang. Katzen mögen es gerne, dort gestreichelt zu werden, wo sie sich auch gegenseitig allomarkieren und putzen. Das ist vor allem der Kopf-, Hals- und Kinnbereich. Gerade das Kinnstreicheln ist bei vielen Katzen beliebt, aber auch nur dann, wenn sie dem Menschen vertrauen. Bauch, Pfoten oder Hüften finden die meisten Katzen als Streichelzone unangenehm. Auch Bewegungen, die schräg von vorne kommen, kann die Katze nicht einschätzen, daher macht es Sinn, die Streicheleinheit mit einem verbalen Signal wie »Streichel« oder »Touch« zusätzlich zum Vorabpräsentieren der Hand anzukündigen.

Die Beziehung zur Katze wird vor allem gestärkt, indem gegenseitiger Respekt gezeigt wird und individuelle Grenzen erkannt und beachtet werden. Das Erkennen und Verstehen der Ausdrucksweise stellt einen erheblichen Beitrag zur Beziehungsstärkung dar, denn wird die Katze missverstanden, wird der Mensch für sie wohl eher negativ und nicht positiv besetzt sein. Eine offene und nicht zu bedrängende Körpersprache des Menschen in Kombination mit positiver, hoher und netter Ansprache wirkt auf Katzen freundlich. Ich bin mir sicher, dass Katzen genau so gerne Komplimente hören wie wir Menschen.

Die Katze-Katze-Beziehung

Katzenbeziehungen untereinander werden aus meiner Sicht überromantisiert. Die Vorstellung, dass zwei Katzen 24/7 aneinanderkleben, halte ich für unrealistisch. Genau wie bei uns Menschen kann es auch zwischen Katzen zu kleineren Konflikten mit Fauchen oder gegenseitigen Drohgebärden wie Pfoteheben kommen. Das ist erst mal auch okay, sofern Streitigkeiten nicht den Alltag bestimmen und es zu keinen Verletzungen kommt.

Beziehungen wachsen mit der Katze, junge Katzen sind auf den Kontakt mit anderen Katzen angewiesen, um wichtige Life-Skills wie die Impulskontrolle weiterzuentwickeln. In vielen Mehrkatzenhaushalten kommt es vor, dass sich neu eingezogene junge Katzen sehr gut verstehen und sich im Laufe des Zusammenlebens und der Jahre voneinander (minimal) distanzieren. Die Gründe dafür sind vielfältig, das kann einerseits mit dem Geschlecht der Katze zu tun haben (Kätzin-Kater-Gruppe) oder mit wiederholten schlechten Erfahrungen, andererseits spielt die soziale Reife eine große Rolle. Was ich damit sagen möchte, ist, dass eine Veränderung der Beziehung normal ist. Eine gute Gruppendynamik ist *nicht* durch permanentes Kuscheln von zwei Katzen charakterisiert. Eine gute Gruppendynamik zeigt sich durch gegenseitigen Respekt, das Anerkennen der individuellen Grenzen der Katzen untereinander, intensive gemeinsame, aber meistens kurze Putzeinheiten, gegenseitiges Allomarkieren und Spieleinheiten. Eine gute Gruppendynamik funktioniert allerdings nicht eigenständig, sondern es müssen regelmäßig beziehungsverstärkende Maßnahmen ergriffen werden, damit das Zusammenleben untereinander harmonisch abläuft. Es ist wichtig, dass die Gruppendynamik von uns Besitzer*innen »überwacht« wird, denn sie trägt einen Großteil zum allgemeinen Wohlbefinden der Katze bei. Auch beeinflusst eine gute oder schlechte Gruppendynamik zukünftige (und bestehende) Beziehungen ständig. In größeren Katzengruppen kommt es häufig zu Rollenverteilungen unter den Katzen. Und damit meine ich gewiss nicht, dass es eine*n »Chef*in« gibt, sondern dass auch Katzen schnell lernen, mit welchen Partner*innen sie welche Aktivität machen können. Das wäre zum Beispiel so: Die eine Kätzin ist für das gemeinsame Verfolgungsspiel ideal geeignet, der Kater hingegen für innige gegenseitige Putzeinheiten. Das ist auch nur dann möglich, wenn die verteilten Rollen der Katzen von ihnen auch gerne angenommen werden, ansonsten kann es zu Missverständnissen kommen. Wie bei der Mensch-Katze-Beziehung gibt es auch bei der Katze-Katze-Beziehung verschiedene Arten. Die Beziehung kann sehr oberflächlich, aber auch stark emotional sein. Im denkbar ungünstigsten Fall kann die Beziehung auch eine »Hass«-Beziehung sein, wobei hier weniger Hass, sondern die Angst der Katze im Vordergrund steht.

Dass Katzen also auch untereinander Beziehungen pflegen, ist zwar unter Katzenbesitzer*innen bestens bekannt, für die Tiefe und Komplexität der einzelnen Beziehungen fehlt hingegen oft das Verständnis, was zu Fehlinterpretationen und Vermenschlichung führen kann. Es herrschen über die Katze-Katze-Beziehung einige hartnäckige Mythen, die ich gerne aufklären möchte.

Mythos Nr. 1: Katzen sind Einzelgänger*innen

Dieser Mythos wurde schon im ersten Kapitel aufgedeckt: Katzen sind keine Einzelgänger*innen. Katzen sind aber Einzeljäger*innen, doch dass sie allein und nicht im Rudel jagen, bedeutet noch nicht, dass sie ihr gesamtes Leben allein verbringen möchten. Die Lebensqualität der Katze kann durch Katzenfreundschaften stark steigen. Wer jetzt denkt, dass man der eigenen Katze eine*n neue*n Katzenfreund*in vor die Nase setzen kann und sie sich sofort freut, liegt falsch. Katzen müssen auf einen Neuzugang vorbereitet werden und es muss eine geplante Zusammenführung durchgeführt werden, die – je nach Katzencharakter – wenige Tage bis mehrere Monate andauern kann. Diese Mühe ist es allerdings auf alle Fälle wert, da pauschale Einzelhaltung bei Katzen nicht artgerecht ist. Ein ungesicherter Erstkontakt nach dem Motto »Die Erstkatze wird sich schon daran gewöhnen« ist zum Scheitern verurteilt. Stell dir Folgendes vor: Du bist Mieter*in einer Wohnung, durch deinen Homeoffice-Job verlässt du selten das Haus. Plötzlich klingelt es an deiner Tür und Amira, 27 Jahre, kommt herein und sagt dir, dass sie nun diese Wohnung mitgemietet hat und ab sofort auch hier wohnt. Deine erste Reaktion ist sicherlich nicht positiv. Du hast Angst, das Gefühl des Kontrollverlustes, weil die Entscheidung ohne dein Einverständnis gefallen ist. Genau diese Gefühle hat auch deine Katze und sie werden womöglich durch ihr anfangs distanziertes und defensiv-aggressives Verhalten widergespiegelt. Gerade die ersten Momente und Tage des Kontakts können in der Katze-Katze-Beziehung ausschlaggebend sein, sofern keine Beziehungsförderung betrieben wird.

Mythos Nr. 2: Die eifersüchtige »Chef-Katze«
Ich kann nur immer wieder davor warnen, die eigene Katze zu labeln, denn Sprache verändert die Wahrnehmung. Das gilt vor allem für die vermeintliche »Eifersucht« der Katze. Dass Katzen eifersüchtig denken und reagieren können, ist wissenschaftlich nicht bewiesen. Und selbst wenn sie es können, ist es wohl nicht mit unserem menschlichen Gefühl der Eifersucht zu vergleichen. Ich möchte gar nicht abstreiten, dass Katzen Verhaltensweisen zeigen, die auf uns eifersüchtig wirken. Dabei geht es aber in den meisten Fällen um Ressourcen. Vor allem die Ressource Mensch ist für die Katze aufgrund unseres Alltags und weiterer Hobbys begrenzt. Ist diese Ressource aus Katzensicht nicht ausreichend verfügbar, kann es zu Verhaltensweisen wie z. B. Wegdrängen kommen. Abhilfe schaffen hier Erwartungssicherheit, feste Routinen und Eins-zu-eins-Quality-Time mit dem Menschen.

Mythos Nr. 3: Die Sache mit der Dominanz
Neben der Eifersuchtstheorie bei Katzen wird auch die Dominanztheorie zur fälschlichen Erklärung für Katzenverhalten herangezogen. In Katzengruppen gibt es aber keine*n Chef*in und es herrscht keine absolute Hierarchie (»Alphakatze«). Katzen streben in der Gruppe grundsätzlich keinen sozial höheren Status an, aber genau das ist die Bedeutung von Dominanz. Katzen zeigen also weder dominantes Verhalten, noch unterwerfen sie sich anderen Katzen. Es gibt bei Katzen keinerlei Ausdrucksverhalten, das auf Unterwerfung hindeutet, sie agieren stattdessen defensiv und beschwichtigen, um den Konflikt zu vermeiden. Katzen haben eine relative Rangordnung, die situationsbedingt und temporär ist. Aber sie haben schlichtweg nicht das Ziel, andere

Katze zu dominieren – schon gar nicht kastrierte Wohnungskatzen. Die Katze ist immer darauf bedacht, ihre Ressourcen zu wahren, das hat aber nichts mit Dominanz zu tun.

Mythos Nr. 4: Katzen kämpfen ein Problem aus

Aus der Dominanztheorie resultierend höre ich häufig den Satz: »Meine Katzen kämpfen das aus, da darf ich nicht dazwischengehen.« Da es aber keine absolute Rangordnung gibt, ist diese Denkweise verkehrt. Zudem wird die emotionale Lage der Katze völlig ignoriert. Katzen kämpfen nicht gerne, es macht ihnen keinen Spaß und dient nicht der Steigerung der Lebensqualität. Katzen haben Konflikte, weil sie überfordert oder ängstlich sind. Damit Konflikte erst gar nicht entstehen, müssen Managementmaßnahmen, wie zum Beispiel ein Überschuss aller Ressourcen oder nur gesicherte, kontrollierte Begegnungen, getroffen werden, wenn bereits bekannt ist, dass es Beziehungsprobleme zwischen zwei Katzen gibt.

Mythos Nr. 5: Gegensätze ziehen sich an

Katzenbeziehungen sind regelrecht zum Scheitern verurteilt, wenn die Charaktere innerhalb der Gruppe nicht zusammenpassen. Gegensätze ziehen sich nicht an, weder bei uns Menschen noch bei Katzen. Am besten, du wählst Katzen aus, die sowohl zu dir als auch zu der bisherigen Katzengruppe passen. Zu bedenken ist, dass männliche und weibliche Katzen ein unterschiedliches Spielverhalten entwickeln. Das kann sich auch erst im Laufe des Zusammenlebens, sobald die Katze ihre soziale Reife erlangt, bemerkbar machen. Während Kater direktes Spiel mit Körperkontakt, also Raufen, gernhaben lieben es Kätzinnen, zu laufen und Verfolgungsspiele zu starten. Die Kombination Katze-Kater kann daher zu vielen Missverständnissen im Alltag führen. Das muss nicht per se heißen, dass eine gemischte Gruppe von z. B. zwei Katern und einer Kätzin dysfunktional ist, aber es kann sein, dass in dieser Gruppe mehr interveniert werden muss. Auch der Glaube, dass eine ältere Katze eine Art »Elterngefühle« entwickelt, wenn man ihr ein Kitten vor die Nase setzt, ist schlichtweg falsch und eine Vermenschlichung. Das Fazit ist also: Gleich und Gleich gesellt sich gern, gleiches Geschlecht, gleiches Alter und gleicher Charakter verringern die Chancen auf spätere Probleme im Mehrkatzenhaushalt.

Katzenbeziehungen fördern

In Katzengruppen muss immer eines klar sein: Je mehr Katzen im selben Haushalt leben, desto mehr Beziehungen müssen gepflegt werden, gerade weil Beziehungen nie statisch sind. Dazu existiert auch eine Formel:

$n \times (n-1)$ = Anzahl der Beziehungen

Bei drei Katzen sind das also sechs Beziehungen. Diese Beziehungen sollten von uns unterstützt werden, da sie einen direkten Einfluss auf das Wohlbefinden der Katze haben. Die Unterstützung ist individuell und kann je nach aktueller Lage in der Intensität variieren. Aber gerade in den ersten Wochen der Kennenlernphase und zur Frühlingszeit können diese Maßnahmen Wunder wirken. Mit diesen sieben Maßnahmen kannst du die Beziehung deiner Katzen untereinander fördern:

Gemeinsame Erfolgserlebnisse schaffen

Je mehr positive Erlebnisse die Katzen miteinander verknüpfen, umso sympathischer werden sie einander. Das gemeinsame Lösen von Futterspielen (aber mit Abstand zueinander: pro Katze ein Futterspiel) oder auch gemeinsame Clickertrainingseinheiten können die Gruppendynamik verstärken. Zusätzlich können positiv konditionierte Signale, wie das Markersignal oder das Entspannungssignal (siehe Kapitel »Spiele und Training«) gemeinsames Verhalten verstärken und die Stimmung automatisch aufhellen. Dieses Signal wird eingesetzt, wenn sich die Katzen positiv begrüßen, nebeneinander sitzen/schlafen oder im selben Raum aufhalten.

Folgende Verhaltensweisen sind aus Katzensicht freundlich und sollten verstärkt werden:

- Begrüßungsrituale wie Nasenbussi oder Schwänzeln
- Allomarkieren und gegenseitiges Putzen
- Gemeinsame Aktivitäten wie Spielen, Kuscheln, Beisammenliegen, gegenseitiges Anblicken

Ressourcen sichern

Für alle störenden Verhaltensweisen und Verhaltensproblematiken gilt: Es müssen ausreichend Ressourcen für jede Katze zur Verfügung stehen. Bei Spannungen im Mehrkatzenhaushalt kann es helfen, weitere Kommunikationsmöglichkeiten in Form von Kratzmöbeln und Markierstellen und Rückzugsmöglichkeiten anzubieten. Je »gesättigter« die Katze ist, umso besser stehen die Chancen zur Förderung ihrer Beziehungen.

Situationen einschätzen

Wenn bereits Konflikte im Mehrkatzenhaushalt aufgetaucht sind, ist es wichtig, dass du deine Katzen lesen lernst. Du solltest die Eskalationsstufen (siehe »Die Sprache der Katze«) deiner Katzen kennen, um rechtzeitig reagieren zu können.

Folgende Verhaltensweisen sind aus Katzensicht unfreundlich oder lösen negative Gefühle aus und sollten deshalb umorientiert werden:

- mindestens drei Sekunden dauerndes gezieltes Anstarren ohne sichtbaren Kontext (die angestarrte Katze verhält sich dabei unauffällig)
- bewusstes Blockieren des Weges (z. B. Liegen im Türrahmen, dieses Verhalten wird oft mit Starren gezeigt)
- kontrollierendes Verhalten (Nachlaufen, wenn die andere Katze aus dem Sichtfeld geht)
- Anpirschen (von hinten, die Katze wird also bejagt)
- drohendes Verhalten (wie das Pfote-heben oder das seitliche Stehen mit seitwärts gedrehtem Kopf, der leicht hin und her bewegt wird)
- offensive Verhaltensweisen und Kampf

Zur Lösung dieser Situationen sollte ein*e Trainer*in, der oder die gewaltfrei arbeitet, kontaktiert werden, um die spezifischen Auslöser zu finden und individuelle Lösungsstrategien erarbeiten zu können, die zum Mensch-Katze-Katze-Team passen. Dies oben beschriebenen Verhaltensweisen sind Symptome, die aufgrund eines tiefer liegenden Problems gezeigt werden. In den meisten Fällen sind sie auf Unsicherheit oder Angst zurückzuführen. Wichtig ist, dass

keine Strafreize eingesetzt werden, dies führt nur zu weiteren negativen Emotionen, die direkt mit der anderen Katze und uns Menschen verknüpft werden. Deshalb darf das Fauchen oder Knurren der Katze nicht bestraft werden, das Verhalten wird dadurch gehemmt und die Katze wird in der nächsten Begegnung direkter und offensiver/defensiver. Sie klettert also eine Stufe der Eskalationsleiter hinauf, da sich die vorige Stufe nicht bewährt hat. Als Katzentrainerin habe ich lieber fauchende Katzen als solche, die bei jeder Konfrontation sofort eskalieren und hoch aggressiv werden. Aus diesem Grund wird das Verhalten umorientiert (oder sogar zunächst belohnt) und hinterher weitere Maßnahmen zur Entspannung getroffen.

Im schlimmsten Fall lernt die Katze außerdem, dass das andere Tier in Anwesenheit der Besitzer*innen vertrieben werden muss, da sonst negative Folgen zu erwarten sind.

Gesundheitsvorsorge treffen

Gesunde Katzen können gesunde Beziehungen eingehen. Krankheit ist in vielen Fällen der Auslöser für Konflikte. Damit das nicht passiert, solltest du regelmäßige Vorsorgeuntersuchungen deiner Katze wahrnehmen und frühzeitig auf Veränderungen eingehen. Auch können Ergänzungsfuttermittel wie Zylkene oder Anxitane korrekt dosiert helfen, eine Grundentspannung der Katzen herbeizuführen, und den Einstieg ins Training erleichtern.

Entspannt bleiben

Ein großer Faktor bei der Beziehungsverbesserung sind wir als Bezugspersonen der Katzen. Stimmungsübertragung funktioniert leider auch im negativen Sinne. Daher ist es wichtig, dass wir Ruhe bewahren, helfen kann dabei die 4-7-8-Sekunden-Atemmethode.

Konsequenz und Geduld zeigen

Eine Verbesserung der Beziehung kann nicht sofort eintreten und erfordert konsequentes, positives Training und Geduld. Häufig lassen sich aber schon nach wenigen Wochen deutliche positive Effekte vermerken. Sobald eine Verbesserung eintritt, muss das Training weitergeführt werden, ansonsten kann es zu keiner langfristigen Wirkung kommen.

»Click für Blick« trainieren

Dieses Training eignet sich für mehrere Katzen und führt zu Entspannung. Konditioniere deine Katze vorab auf ein Markersignal. Nun setzt du im Alltag den Marker jedes Mal, sobald sich die Katzen anblicken. Das Verhalten belohnst du anschließend. Achte darauf, die Belohnung so zu geben, dass kein Futterneid aufkommt.

Damit schaffst du Erfolgserlebnisse, was voraussichtlich dazu führt, dass sich die Katzen öfter anblicken werden. In Stresssituationen kannst du deine Katzen so umorientieren, einen positiven Impuls setzen, und die Situation durch das Abfragen eines Alternativverhaltens entspannen. Außerdem wird eine Verhaltenskette erlernt: Die Katze lernt, sich zu dir zu orientieren, sobald sie die andere Katze erblickt. Das schafft Ruhe und Vertrauen im Mehrkatzenhaushalt.

Den »Click für Blick« setze ich als Katzentrainerin vor allem bei Katzen ein, deren Beziehung instabil ist. Diese Katzen lernen, dass der Anblick der anderen Katzen positiv ist und eben nicht negativ oder ängstlich besetzt sein muss. Dadurch wird die Konfliktbereitschaft minimiert und bei

bereits angespannter Situation können die Katzen dadurch umorientiert werden. Dieses Training machst du, je nach Lernbereitschaft und Stimmung der Katze, mit wenigen Wiederholungen pro Einheit regelmäßig und konsequent im Alltag.

Die Grundlagen der Katzenerziehung

Die Erziehung von Katzen ist ein großes Thema, das oftmals missverstanden wird. Ich werde häufig mit verwirrtem Blick angeschaut, wenn ich erzähle, dass meine Katzen verschiedene Signale und Regeln kennengelernt haben, damit das Zusammenleben auch wirklich harmonisch funktioniert.

»Meine Katze kann nicht erzogen werden, die macht das, was sie will« oder »Meine Katze darf Katze sein, die muss nichts können!« höre ich dann anschließend als Antwort darauf. Ich durfte schon viele Katzen und Katzenbesitzer*innen unterstützen und kann sagen, dass jede Katze erzogen werden kann. Jede dieser Katzen konnte sich durch die passende katzenfreundliche Erziehung selbst entfalten und ihre Lebensqualität steigern. Denn Katzen haben erst einmal keine Vorstellung ihrer perfekten Katzenwelt. Wir können unseren Katzen mithilfe der Erziehung die Welt erklären, um so für mehr Stabilität in der Katze-Mensch-Beziehung zu sorgen.

Doch leider wird »Erziehung« von vielen Menschen immer noch mit Strafe, Unterdrückung, Druck und negativen Emotionen verknüpft. Der Gedanke, dass der Katze ihre »innere Katze« durch Erziehung entzogen wird, stimmt nicht. Beim Erziehen geht es auch nicht darum, einem Tier zu sagen, was es nicht tun soll. Bei der positiven, bedürfnis-

gerechten Erziehung geht es vor allem darum, einem Haustier mitzuteilen, welches Verhalten sich lohnt (und ich als Besitzer*in öfter sehen möchte). Durch positive Erziehung und Training wird der individuelle Charakter der Katze gestärkt, und das wiederum trägt zur Selbstbestimmung der Katze bei. Autonomie ist für Katzen besonders wichtig, Katzen brauchen das Gefühl der Selbstkontrolle und wollen selbst entscheiden. Vorstellen kann man sich Katzen wie flauschige Detektive, die jedes (neue) Detail wahrnehmen, uns einen Schritt voraus sind und die gesamte Umgebung kontrollieren möchten. Katzen, die genau dieses Gefühl von Kontrolle haben, sind weniger anfällig für Verhaltensproblematiken und durch Stress geförderte Erkrankungen wie zum Beispiel eine Blasenentzündung. Auch der Sicherheitsaspekt wird durch eine katzengerechte Erziehung erfüllt.

Ein kurzes Gedankenspiel:
Du kommst nach Hause und deine zwei Wohnungskatzen Taco und Tofu freuen sich riesig, dass du da bist. Sie können es kaum erwarten, dich zu begrüßen, und huschen dir dabei aus der Tür hinaus. Das löst bei dir Frust und Angst aus, da du an einer stark befahrenen Straße wohnst und nun beide Katzen wieder einfangen musst.

Du hast nun verschiedene Möglichkeiten, mit dieser Situation umzugehen. Wichtig ist, vor allem positiv und freundlich zu bleiben. Du könntest nichts tun, deine Katzen jeden Tag erneut einfangen und hoffen, dass nichts Schlimmeres draußen passiert. Diese Variante würde in Zukunft für viel Unverständnis bei deinen Katzen und Stress für dich sorgen.

Du hast aber auch die Möglichkeit, deinen Katzen eine

Alternative zu bieten zur Aktivität »Ich laufe hinaus«. Das wäre zum Beispiel, dass deine Katzen lernen, auf ein Signal hin auf eine Wartestation zu laufen und dort auf deine Begrüßung zu warten. So kannst du in Ruhe ankommen, ganz ohne Angst, dass deine Katzen wieder hinauslaufen. Dieses Wartetraining werde ich im Kapitel »Training: So klappt's« näher erklären.

Bei der bedürfnisorientierten Erziehung geht es nicht nur um die Bedürfnisse deiner Katze, sondern auch um dich. Wir als Besitzer*innen sind für Katzen ein offenes Buch, sie sind Meister darin, unsere aktuelle Stimmungslage zu erkennen, und nehmen sie dann häufig auch an. Das kann dann zu mehr Stress im Zusammenleben mit der Katze führen und in einem Teufelskreis enden. Die Katze hat Stress, weil der oder die Besitzer*in gestresst ist, und diese*r wiederum, da die Katze Stress hat. Erziehung und Beziehung sind also eng miteinander verknüpft. Beides funktioniert ohne einander nicht. Du lernst deine Katze mit der richtigen Erziehung neu kennen und kannst ihre Stärken zum Vorschein bringen. Das steigert nicht nur das Selbstbewusstsein deiner Katze, sondern stärkt auch die Katze-Mensch-Beziehung. Erziehung schafft ein gemeinsames Sicherheitsgefühl und kann Katzen auf neue, herausfordernde Situationen, wie zum Beispiel den Besuch in einer Tiermedizinpraxis, vorbereiten. Sie festigen dadurch verschiedene Bewältigungsstrategien, die ihnen im Zusammenleben mit mehreren Menschen oder Tieren helfen können.

Katzen, die positiv erzogen werden, sind neuen Reizen gegenüber mutiger und selbstsicherer. Der Fokus liegt immer auf dem erwünschten Verhalten. Was möchte ich in Zukunft öfter sehen? Dadurch zeigt meine Katze auch weniger unerwünschtes Verhalten und die Lebensqualität beider Parteien steigt. Ein weiteres sehr wichtiges Ziel der Katzenerziehung ist es, dass sich die Katze wohl und gut fühlt. Am besten denken wir hier wieder an den Lebensakku der Katze. Jedes Verhalten, das uns Katzen zeigen, hat mindestens eine Motivation und wird von Emotionen begleitet. Diese Emotionen können negativ oder positiv sein. Gutes Training führt zu einer Verminderung der negativen Gefühle bzw. zu einer Steigerung der positiven Gefühle, da sich auf das positive Verhalten konzentriert wird.

Erziehung bei Katzen ist also möglich, gut für die Katze-Katze- wie auch für die Mensch-Katze-Beziehung und somit eine Win-win-Situation. Der Prozess »Erziehung« endet auch nie. Jede Sekunde lernen Katzen und können bedürfnisgerecht trainiert werden. Das Alter der Katzen ist dabei ein eher nebensächlicher Faktor. Natürlich lernen Katzen besonders in den ersten zwei Jahren sehr viel für ihr Leben. Allerdings können auch Katzen, die im Erwachsenenalter adoptiert werden, mit positiven und katzenfreundlichen Trainingsmaßnahmen erzogen werden.

So lernen Katzen

Katzen lernen grundsätzlich so wie jedes andere Säugetier auch. Durch eine Lernerfahrung können Katzen ihr zukünftiges Verhalten verändern. Lernen findet daher immer und in jedem Moment statt. Dabei kann man zwischen assoziativem und nicht assoziativem Lernen unterscheiden.

Beim *assoziativen Lernen* wird ein Reiz mit einer Reaktion (oder umgekehrt eine Reaktion mit einem Reiz) oder ein Reiz mit einem weiteren Reiz verknüpft.

Klassische Konditionierung nach Iwan P. Pawlow
Dabei lernt die Katze, indem ein neutraler Reiz zu einem konditionierten Reiz wird. Im Markertraining ist der Reiz ein Click, der anfangs neutral für die Katze ist und keine Bedeutung hat. Durch das mehrmalige Füttern nach Ertönen des Clickergeräuschs verknüpft die Katze das Geräusch mit Futter. Die Katze lernt, dass nach jedem Clickgeräusch eine Belohnung erfolgt, daher ist dieses Geräusch nun bedeutend und konditioniert.

Diesen Vorgang kann die Katze nicht bewusst steuern. Die Erwartungshaltung, dass nach diesem Geräusch Futter kommt, ist nach konsequenter und zeitgenauer Konditionierung immer gegeben. Daher löst das Click- oder Markergeräusch in vielen Fällen schon selbst eine positive emotionale Reaktion aus, die uns im Mehrkatzenhaushalt helfen kann.

Operante Konditionierung nach B. F. Skinner

Beim operanten Konditionieren entsteht eine Verknüpfung zwischen Verhalten und der darauffolgenden Konsequenz. Die Auftrittshäufigkeit eines Verhaltens hängt also von der Konsequenz des Verhaltens ab. Dabei ist auch der Begriff »positive Verstärkung« entstanden, der aussagt, dass ein bestimmtes Verhalten durch Hinzufügen eines positiven Reizes (positiver Verstärker) öfter gezeigt wird. Positive Verstärker sind individuell und von der jeweiligen Lernsituation abhängig. Skinner beschrieb auch erstmals den Begriff »Shaping«, also das Formen von Verhalten.

Erwünschtes Verhalten wird also mithilfe der klassischen und der operanten Konditionierung beigebracht. Mehr zu dieser Trainingsmethode findest du im Kapitel »Training: So klappt's«.

Versuch und Irrtum

Katzen lernen auch durch Versuch und Irrtum, sie testen dabei aus, welches Verhalten zum gewünschten Erfolg führt. Im aktiven Training sollte diese Art des Lernens nicht vorkommen, da sie bei Misserfolg zu Frustration führen kann und die Stimmung dann negativ ist.

Beobachtung und Nachahmung

Dabei lernt die Katze nicht nur von anderen Katzen, sondern auch von anderen Tieren oder uns Menschen. Mein Kater Freddie hat zum Beispiel das Öffnen von Schränken oder Türen durch Beobachtung gelernt. Vor allem beim sozialen Lernen, also beim gemeinsamen Lernen von mehreren Katzen, können große Trainingserfolge zu verzeichnen sein. Katzen lernen aber auch durch negative Erfahrungen und Misserfolge anderer Katzen. Das kann im Mehrkatzenhaushalt zu Problemen und Stress führen.

Positive Gegenkonditionierung

Wenn Katzen bereits eine negative Erfahrung mit einem bestimmten Reiz gemacht haben, kann mit positiver Gegenkonditionierung eine positive Reaktion erzeugt werden. Ziel der Gegenkonditionierung ist es, dass die Katze bei Reizauftreten keine Angst, sondern positive Gefühle erlebt. Wenn die Katze Angst vor dem Staubsauger hat, ist eine Gegenkonditionierung sinnvoll, um die Angst zu lindern. Zum Beispiel wird der Staubsauger bei der positiven Gegenkonditionierung schrittweise positiv verknüpft, indem der Reiz sehr abgeschwächt präsentiert und anschließend nicht-ängstliches Verhalten verstärkt wird. Andernfalls kommt es schnell zu Überforderung und somit zu einem negativen Lernerlebnis.

Desensibilisierung

Bei der Desensibilisierung wird ein Angst auslösender Reiz schrittweise gesteigert und kontrolliert präsentiert. Das passiert so lange, bis das Tier keine ängstliche Reaktion mehr zeigt. In keinem Fall darf und soll die Katze in eine extreme Angst- und Paniksituation versetzt werden. Es ähnelt der positiven Gegenkonditionierung, mit dem Unterschied, dass eben kein positiver Verstärker angeboten wird. Die Katze verknüpft den Reiz nicht positiv, sondern neutral.

Beim *nicht-assoziativen Lernen* werden keine Verknüpfungen zwischen Reiz und Reaktion geschaffen. Der Fokus liegt also nicht direkt auf der Verhaltensveränderung.

Habituation

Dabei gewöhnt sich die Katze an einen bestimmten Reiz, wenn er wiederholt angeboten wird. Ein konkretes Beispiel: Wenn deine Katze anfangs Angst vor deiner Kaffeemaschine hat, nimmt die Angstreaktion ab, da sich die Katze an das Geräusch gewöhnt. Denn sie erfährt anschließend keine negative (oder positive) Konsequenz.

Sensibilisierung

Im Gegensatz dazu verstärkt sich bei der Sensibilisierung die Reaktion auf einen bestimmten Reiz. Das passiert häufig an Silvester bei älteren Katzen. Je älter die Katzen werden, desto intensiver reagieren sie auf Feuerwerk, da dieses Ereignis für eine Habituation nicht häufig genug vorkommt.

Diese Lernformen sind nicht klar voneinander abzugrenzen und gehen in der Praxis fließend ineinander über.

Was »muss« eine Katze können?

Die Anforderungen an die eigene Katze sind individuell. Wichtig ist, dass ich mir *vor* der Anschaffung der Katze Gedanken darüber mache, welches Katzenverhalten ich als Besitzer*in gut finde.

Ganz konkret muss ich mir folgende Fragen stellen:

- Welches Verhalten möchte ich häufiger sehen?
- Welches mögliche Verhalten finde ich nicht gut und wie kann ich das Problem durch Management (z. B. Wohnraumoptimierung) lösen?

- Welches Verhalten löst bei mir oder anderen Haushaltsangehörigen Freude, Frust oder Angst aus?

Weitere Fragen kommen hinzu, wenn die Katze bereits eingezogen ist:

- Welches Verhalten zeigt meine Katze besonders gerne?
- Was mag meine Katze überhaupt nicht?
- Welches Verhalten finde ich bereits problematisch?

Die Frage, was eine Katze können »muss«, ist also individuell. Die Erwartungen an die eigene Katze sind in einigen Fällen auch zu hoch. »Brav sein« wird für uns häufig als selbstverständlich angesehen, setzt aber Training voraus. Wenn dann etwas nicht funktioniert, wird es schnell der »Sturheit der Katze« zugeschrieben. Dabei ist »stur sein« kein existierendes Verhalten.

Training sollte in jedem Katzenhaushalt stattfinden, um eine Beziehung zur Katze aufzubauen und das gemeinsame Leben positiv und angenehm zu gestalten.

Für mich als Katzentrainerin ist es wichtig, dass ich in erster Linie als Ankerpunkt für meine drei Katzen gelte. Ich möchte, dass sich meine Katzen auf mich verlassen können, um so ein harmonisches Zusammenleben zu festigen. Aber auch meine Katzen kennen bestimmte Regeln bzw. Kompromisse. Ein Kompromiss ist, dass sie während des Essens nicht auf dem Esstisch herumspazieren, stattdessen aber auf dem Sessel neben mir sitzen dürfen. Außerdem sind bestimmte Wörter wie zum Beispiel »Komm«, »Achtung«, »Spring hinauf/hinunter« oder »Warte« Signale, die ich im Alltag mit meinen Katzen verwende.

Die Erwartungen an die eigene Katze sollten aber nicht

zu hoch sein. Sie wird auch mit positiver Erziehung immer eine Katze bleiben und kein persönlicher Roboter. Katzentypisches Verhalten wie zum Beispiel Kratzen, um die Krallen zu schärfen und um zu kommunizieren, bleibt immer. Bedürfnisbedingte Verhaltensweisen können und sollten auch nicht aberzogen werden, denn sie machen die Katze erst zur Katze. In der Katzenerziehung geht es viel um Kompromisse, Klarheit und Kommunikation. Wenn die Katze nicht an der Tapete kratzen soll, braucht sie eine Alternative.

Ein kurzes Gedankenspiel:
Dein*e Partner*in und du möchten, dass deine Katzen Balu und Simba nachts nicht ins Schlafzimmer kommen und bei euch schlafen. Aus diesem Grund sperrst du sie aus dem Zimmer aus. In den anderen Räumen sind mit Trockenfutter befüllte Futterspiele, viele Kletter- und Schlafmöglichkeiten und auch ein kleines batteriebetriebenes Nachtlicht, um Trennungsstress vorzubeugen. Das funktionierte bisher auch gut. Nun war es aber so, dass Balu ab und zu doch bei euch schlafen durfte. Er fordert dieses Erlebnis seit kurzer Zeit lautstark miauend und kratzend vor der Tür stehend ein.

Das Problem ist hier, dass Balu verwirrt ist und nicht versteht, warum er nun doch nicht bei euch schlafen darf. Das führt zu Frust, Unsicherheit und Trennungsstress bei Balu und bei euch Besitzer*innen zu Schlaflosigkeit. Katzen brauchen Klarheit, für sie gibt es keine Zwischenlösungen.

Daher ist Inkonsequenz der Tod der Katzenerziehung.

Katzenerziehung muss gerade im Mehrpersonenhaushalt abgesprochen werden, damit es für beide Seiten gut funktioniert und kein Frust aufkommt.

Bei dem Thema »Was muss eine Katze können« sind wir als Besitzer*innen aufgefordert für Klarheit in der Kommunikation mit unseren Katzen zu sorgen.

Verhalten muss sich lohnen

Katzenerziehung funktioniert dann gut, wenn wir Katzen motivieren können. Gerade in der modernen Erziehung geht es erst mal darum, alle Bedürfnisse der Katze vorab so gut wie möglich zu erfüllen und Verhaltensweisen, die uns Besitzer*innen gefallen, zu verstärken. Katzen wissen nicht, welches Verhalten »gut« oder »böse« ist. Sie bewerten ihr Verhalten nicht moralisch, sondern verhalten sich so, wie sie es für passend und zielführend halten. Katzen sind immer ehrlich und verstellen sich nicht, daher sollten wir es ihnen ermöglichen, einen positiven Zugang zur Welt zu entwickeln. Der Fokus geht somit weg vom Negativen und hin zum Positiven. Wir warten nicht ab, bis negatives Verhalten auftritt. Stattdessen sollte unsere Aufmerksamkeit direkt auf dem Verhalten liegen, das wir in Zukunft öfter sehen möchten. Damit die Katze erwünschtes Verhalten auch wirklich wiederholt, müssen wir es belohnen.

Diesen Prozess nennt man positive Verstärkung. Unter positiver Verstärkung wird das Hinzufügen eines positiven Reizes auf ein bestimmtes Verhalten verstanden, der die Wahrscheinlichkeit erhöht, dass dieses verstärkte Verhalten in Zukunft öfter gezeigt wird.

Ein kurzes Gedankenspiel:
Du kommst nach Hause und deine Katzen springen erstmals direkt auf die Kommode, die neben der Eingangstür steht. Du begrüßt deine Katzen in hoher, aber ruhiger Stimme und streichelst sie am Hals. Als du die nächsten Tage nach Hause kommst, warten deine Katzen bereits freudig auf dem Möbel. Du hast das Verhalten »Auf der Kommode warten« verstärkt, indem du deine Katzen positiv angesprochen hast. Das Verhalten wird in Zukunft mit hoher Wahrscheinlichkeit weiterhin in freudiger Erwartungshaltung gezeigt, da bereits eine Verknüpfung im Gehirn der Katzen stattgefunden hat. Zudem zeigen deine Katzen dieses Verhalten ausschließlich, wenn du dein Zuhause betrittst. Denn das Geräusch des Aufsperrens ist für deine Katzen das Signal, dass du nach Hause kommst. Auf der Kommode zu warten, wenn sie dieses Signal hören, bedeutet für sie nun, dass ein positiver Reiz folgt.

Der positive Reiz wird in der Fachsprache »Verstärker« genannt. Verstärker sind immer individuell, und doch hat jede Katze einen bevorzugten Verstärker. In den meisten Fällen eignet sich Futter als verlässlicher Verstärker, da er von den meisten Katzen angenommen wird. Futtermotivation kann aufgebaut werden. Trockenfutter sollten Katzen nie frei zugänglich erhalten, hier kann durch Wegstellen der Trockenfutterschüsseln das bisherige Trockenfutter einen höheren Wert erhalten. Auch kannst du deinen Katzen einen »Überraschungsteller« anbieten. Darauf werden alle möglichen Futterbelohnungen, wie zum Beispiel flüssige Schlecksticks, Futtertuben, klassische Futterstangen, Trockenfuttervarianten, gefriergetrocknete Leckerlis und mehr präsentiert. Nun kannst du dir notieren, welches Futter deine Katze zuerst probiert und welches zuletzt. Diesen Prozess wiederholst du zwei weitere Male innerhalb von zwei Wochen, um zu sehen, ob deine Daten vom ersten Versuch korrekt sind. Auch Nassfutter in wiederverwendbaren Futtertuben kann als Futterbelohnung dienen. Es versteht sich, dass der tägliche Futterbedarf der Katze nicht entzogen wird, Katzen dürfen nicht hungern. Das bringt nicht nur psychischen Stress wie Frust und somit im Mehrkatzenhaushalt erhöhte Reizbarkeit, sondern auch physische Probleme mit sich. Eine hungrige Katze lernt übrigens nicht besser oder nachhaltiger, sondern eher schlechter. Lernen funktioniert unter stressarmen und positiven Bedingungen am besten.

Folgendes kann man sich auf der Belohnungsliste notieren:

- Welche Belohnung mag meine Katze (z. B. rohes Hühnerfleisch, gefriergetrocknete Leckerchen oder Trockenfutterbrocken)?
- Wie mag meine Katze ihre Belohnung (am Boden, aus der Hand, als Fangspiel)?
- Wie verändert die Belohnung die Haltung meiner Katze? (Aktiviert das Werfen der Leckerlis meine Katze oder beruhigt es sie? Zeigt meine Katze nach einer aktiven/ruhigen Belohnung auch aktives/ruhiges Verhalten?)

Katzen haben ein gewissen Verständnis für Mengen und sind in der Lage, zwischen viel und wenig bzw. einem und mehreren Leckerlis zu unterscheiden. Das können wir im positiven Training als Vorteil nutzen, da wir bestimmte Verhaltensweisen in Summe wertiger belohnen können.

Futterbelohnung kann also nicht auf »Ich stopfe ein paar Leckerlis in meine Katze« reduziert werden, da es ein komplexes Konzept ist, das mit etwas Übung und Wissen unser bestes Trainingswerkzeug sein kann. Ich verändere durch Belohnung die Stimmung meiner Katze, kann ihr akutes Erregungslevel und Stressniveau senken und erwünschtes Verhalten für die Zukunft wahrscheinlicher machen.

Eine Belohnungsliste ist deshalb so gut, da du einen persönlichen Fahrplan an der Hand hast und in verschiedenen Situationen die richtige Belohnung wählen kannst. Meine Katzen werden zum Beispiel im katzensicheren Garten häufig mit sehr aktiven Belohnungsformen belohnt. Der Garten ist der Spielplatz meiner Katzen, eine Zone, die für sie Action, Spiel und Spaß bedeutet. Diese Einstellung möchte ich beibehalten und passe daher auch die Belohnung meiner Katze an, indem ich für mehr Action Futter werfe oder im Garten suchen lasse. Wenn wir wieder zurück in die Wohnung gehen, möchte ich ruhiges Verhalten fördern. Einerseits, um meine Katzen nicht zu überfordern, da sie draußen mit vielen verschiedenen Reizen konfrontiert worden sind. Andererseits bedeutet bei mir zu Hause Ruhe und Geborgenheit. Auch um späterem Miauen vorzubeugen, gibt es direkt nach dem Nachhausekommen eine Schleckmatte oder einen Schnüffelteppich. Beides eignet sich großartig, um ruhiges Verhalten zu fördern, da Schlecken und Schnüffeln eine entspannende Wirkung hat. Es gibt auch andere Verstärker wie zum Beispiel das Spiel, Kuscheln oder Lobesworte. Sie wirken je nach Katze und Situation positiv oder negativ auf die zuvor gezeigte Verhaltensweise. Denn die Qualität und den Wert der Verstärker bestimmt immer die Katze. Eine Katze, die an der Terrassentür steht und hinausdrängt, wird eine Streicheleinheit wohl nicht ganz so belohnend, sondern eher sogar als störend empfinden. Die Verstärker müssen also der Situation und der aktuellen Stimmung der Katze angepasst werden.

Verstärker können auch mit verschiedenen Signalen verknüpft werden. Diese spezifischen Signale kündigen dann nach einer kurzen Konditionierungsphase einen individuellen Verstärker in Form einer Belohnung an. Das wären zum Beispiel Markersignale, die wir uns im Detail im Abschnitt »Verschiedene Beschäftigungsarten« ansehen werden. Ein Marker, den ich bei der Erziehung bei Haustieren immer einsetze, ist ein sogenannter **Alltagsmarker**. Der Marker ist hier ein selbst erzeugtes Geräusch oder Wort, das im Alltag nicht oft vorkommt. Mein Alltagsmarker ist ein freudig und hoch ausgesprochenes »Top!«. Dies teilt der Katze mit, dass mir das gerade gezeigte Verhalten sehr gut gefällt und sie dafür belohnt wird. Der Marker ist immer ein Versprechen auf eine anschließende Belohnung. Die Belohnung wird je nach Situation angepasst und ist nicht immer gleich. Diesen Prozess muss die Katze vorab lernen. Ein kurzes Konditionierungstraining von zwei Trainingseinheiten zu je einer Minute reicht aus, damit die Katze innerhalb weniger Tage verstanden hat, dass der Alltagsmarker eine positive Konsequenz für sie ankündigt.

Damit ich meine Katze passend und schnell belohnen kann, macht es Sinn, wenn im gemeinsamen Lebensraum mehrere kleinere Snackbecher mit von der Katze als gut bewerteten Leckerlis verteilt sind.

So funktioniert Konditionierungstraining

Die Katze ist in unmittelbarer Nähe und ich sage meinen Marker (wie zum Beispiel »Top!«) motivierend so, dass ihn die Katze hört, aber nicht erschrickt. Nun muss innerhalb von 0,5–1,5 Sekunden eine positive Konsequenz folgen, damit die Katze auch wirklich versteht, dass nach dem Wort »Top!« etwas Angenehmes passiert.

Dieses »Top!«-Signal wird bewusst mit verschiedenen Belohnungsarten verknüpft, damit ich es im Alltag gut verwenden kann. Die Katze wird mit verschiedenen Futterarten, Lobesworten wie »Das hast du super gemacht, Katze!«, sehr kurzen Streicheleinheiten am Hals (Dauer maximal drei Sekunden), Spieleinheiten, der sofortigen Möglichkeit, nach draußen zu gehen (bei Freigängerkatzen), oder individuellen Verstärkern belohnt. Durch das Zufallsprinzip weiß die Katze nicht, welche Belohnung sie erwartet, was eine zusätzliche verstärkende Wirkung hat. Wir als Besitzer*innen müssen die Belohnung allerdings sorgfältig der aktuellen Situation und den gerade begehrtesten Mitteln anpassen, um den größtmöglichen Lernerfolg zu generieren.

Im Zusammenleben mit meinen Katzen kann ich mit Alltagsmarkern den Alltag strukturieren und direkt mitteilen, was ich gut finde. So erhalten meine Katzen direktes Feedback und ich kann die Stimmung meiner Katzen zusätzlich aufhellen, was störendes Verhalten oder Konflikte unwahrscheinlicher macht.

Besonders im Mehrkatzenhaushalt sind Alltagsmarker sinnvoll. Das Leben mit mehreren Katzen kann für Mensch und Katze manchmal überfordernd sein. Durch Alltagsmarker kann ich prosoziales Verhalten fördern, damit es in

Zukunft auch öfter gezeigt wird. Wenn sich deine Katzen anzwinkern (was als sehr freundliches Verhalten unter Katzen gilt), kannst du durch deinen Alltagsmarker (und anschließende Belohnung) die Situation zusätzlich positiv markieren und festigen.

Umgang mit störenden Verhaltensweisen

In jedem Katzenhaushalt wird es früher oder später zu Verhaltensweisen kommen, die uns Besitzer*innen nicht gefallen. Wichtig zu erwähnen ist hier auch der Unterschied zwischen Verhaltensproblemen und unerwünschten Verhaltensweisen. Als Verhaltensstörung oder -problem bezeichnet man Verhalten, das stark vom Normalverhalten der Katze abweicht, oder Verhalten, das von sehr intensiven negativen Emotionen begleitet wird. Es liegt aber erst dann eine Verhaltensstörung vor, wenn sie in einem bestimmten Muster oder regelmäßig stattfindet und die Lebensqualität der Katze negativ beeinträchtigt. Ob also ein Verhalten normal ist oder bereits eine Verhaltensstörung vorliegt, ist schwierig zu beurteilen, da die Grenzen fließend sind. Es sollte auf alle Fälle bei Verdacht auf eine Verhaltensproblematik mit Fachleuten gesprochen werden, um direkt lösungsorientierte Trainingsmaßnahmen oder medizinische Untersuchungen durchführen zu können.

Nicht jedes störende Verhalten ist demnach eine Verhaltensstörung. Verhalten, das wir als störend empfinden, ist in den meisten Fällen katzentypisches Verhalten oder auf ein Kommunikationsproblem zurückzuführen. Unerwünschte Verhaltensweisen können in jeder Intensität und jeder Le-

bensphase der Katze vorkommen. Manch störendes Verhalten ist für Besitzer*innen dramatisch, beispielweise wird das Kratzen an Lederstühlen selten toleriert. Uns Menschen stört zwar dieses Verhalten, aber eine Verhaltensstörung oder -problematik liegt gewöhnlich nicht vor. Dennoch kann auch aufgrund von unerwünschtem Verhalten die Lebensqualität der Katze stark sinken, da die Beziehung zum Menschen leidet. Die Kunst besteht also darin, richtig auf unerwünschtes Verhalten zu reagieren. Es hilft, sich hier in die Perspektive der Katze hineinzuversetzen und zu versuchen, zu verstehen, wieso das Tier ein bestimmtes Verhalten zeigt. Verhalten hat immer einen Grund und wird nicht »einfach so« gezeigt. Katzen zeigen störende Verhaltensweisen, weil sie entweder körperlich/psychisch leiden oder es ein Kommunikationsproblem (wie zum Beispiel beim Schlafproblem von Balu und Simba auf Seite 120) zwischen Katze und Besitzer*innen gibt. Stress ist bei Katzen ein zentrales Problem, er tritt aufgrund von Krankheit auf, Stress kann seinerseits aber auch Krankheiten hervorrufen. Stress ist immer individuell, die einzelnen Stressfaktoren im Leben einer Katze herauszufiltern, ist gar nicht so leicht.

Um präzise herauszufinden, wieso Katzen das tun, was sie tun, hilft es, ihre Verhaltensweisen zu tracken. In einem (digitalen) Verhaltensprotokoll kannst du das Verhalten beschreiben und dokumentieren, was vor/nach dem gezeigten Verhalten passiert und in welcher Stimmung deine Katze ist. Auch Videoaufnahmen helfen dabei, Verhalten in Aktion zu sehen (oder auch herauszufinden, welche Katze der oder die eigentliche Übeltäter*in ist). Wichtig ist, das gezeigte Verhalten frei zu beschreiben und nicht zu bewerten, denn es ist eben nicht in »gut« oder »böse« zu unterteilen.

Wenn deine Katze also auf die Küchenablage springt, wäre das Verhalten folgendermaßen kurz zu beschreiben:

»Katze sieht hoch und springt auf die Küchenzeile. Anschließend beschnuppert sie einige Küchengeräte und die Arbeitsfläche. Sie setzt sich an eine Kante und beobachtet ihre Umgebung.«

Eine Interpretation hingegen wäre Folgendes:

»Katze springt freudig auf die Küchenarbeitsplatte, um nach Futterresten zu suchen.«

Wir wissen erst einmal nicht, wieso die Katze auf die Küchenarbeitsfläche springt. Erst durch eine gute Dokumentation und eventuell Videoaufnahmen können wir die Gründe ausfindig machen. Schnelle Interpretationen sind deshalb so gefährlich, da wir tierisches Verhalten in vielen Fällen vermenschlichen. Wir unterstellen unseren Katzen Gedankengänge, zu denen sie gar nicht fähig sind. Dadurch entstehen Missverständnisse, die weder uns noch unseren Katzen guttun und nichts zur Lösung des Problems beitragen.

Verhaltensprotokolle stellen für uns Besitzer*innen eine große Hilfe dar, um Auslöser für unerwünschtes Verhalten zu erkennen und sie später durch adaptiertes Training umzulenken. Je mehr dokumentiert wird, desto klarer wird das gezeigte Verhalten für uns, und wir können in Zukunft besser darauf reagieren.

Das Ziel im modernen Tiertraining ist, dass durch gutes Management unerwünschtes Verhalten gar nicht erst auftreten kann.

Ein gut ausgeklügelter Wohnraum für Katzen ist die beste Prävention gegen störendes Verhalten, wie zum Beispiel das Kratzen am Lederstuhl. Denn Bedürfnisse wie das

Kratzen an Gegenständen abzutrainieren ist nicht zielführend und der Katze gegenüber ungerecht. Je mehr stille Rückzugsorte und Beschäftigungsmöglichkeiten die Katze hat, desto unwahrscheinlicher treten störende Verhaltensweisen auf.

Unsere direkte Reaktion auf unerwünschtes Verhalten spielt eine bedeutende Rolle. Schon allein der Versuch, »Fehlverhalten« zu korrigieren, löst negative Stimmung und Emotionen aus. Das »Falschmachen«, wie zum Beispiel Aggression gegenüber anderen Tieren, Unsauberkeit oder andere störende Verhaltensweisen, an sich ist für die meisten Tiere unangenehm. Zudem ist das Wort »Fehlverhalten« in der Erziehung nicht zielführend, da das impliziert, dass Tiere (bewusst) etwas falsch machen. Dabei liefert uns jedes Verhalten Informationen, auch wenn es stört. Werden diese Informationen richtig ausgewertet, kann das Verhalten umorientiert oder durch Managementmaßnamen abgewendet werden.

Auch hier ist wichtig, Verhalten angemessen und fair zu benennen, und gehört zu einer positiven, bedürfnisorientierten Erziehung dazu. Es ist ebenso wichtig, das Bestmögliche aus der Situation zu machen und nicht negativ zu reagieren. Durch negatives Verhalten unsererseits können keine unerwünschten oder problematischen Verhaltensweisen unterbunden werden. Ganz im Gegenteil verschlimmern negative Handlungen und Konsequenzen die Einzelsituation und führen zu Vertrauensbruch und psychischem oder sogar körperlichem Schmerz.

Wir Menschen handeln leider häufig aus dem Affekt. Wir erschrecken selbst, wenn die Katze eine Vase hinunterstößt, reagieren in diesem Moment negativ und schreien die Katze möglicherweise sogar an. Einer Studie zufolge kann sogar das Anschreien der Katze aggressives Verhalten uns gegenüber in der jeweiligen Situation auslösen oder verstärken. Katzen reagieren auf Strafreize meist mit Flucht oder defensiver Aggression, um sich selbst vor ihren Besitzer*innen zu schützen. Durch direkte Strafe können Katzen auch nicht nachhaltig lernen. Es schädigt die Mensch-Katze-Beziehung und ist nicht zielführend.

Als Alternative zum Anschreien wird manchmal das Ignorieren zur Problemlösung herangezogen. Ignorieren ist aber eine kurzfristige Lösung, die leider zu einem langfristigen Problem führt.

Ein kurzes Gedankenspiel:
Deine Katze Bobby miaut sehr viel. Sie ist eine Plaudertasche und spricht auch im Alltag viel mit dir, und du könntest minutenlange Gespräche mit Bobby führen. Seit Kurzem ist es aber so, dass Bobby ohne Ansprache deinerseits miaut. Es wirkt auf dich so, als wüsste Bobby selbst nicht, was sie möchte. Sie läuft ziellos umher und miaut dabei kläglich. Nicht so, wie du es aus den gemeinsamen Gesprächen kennst, es ist ein eher tiefes Miauen. Die ersten Wochen hast du darauf reagiert und versucht, Bobby durch kurzes, aber scharfes Ansprechen zu unterbrechen. Da diese Maßnahme erfolglos war und das tägliche Miaukonzert auch an deinen Nerven zerrt, ignorierst du das Miauen. Du hoffst, dass Bobby nun nicht mehr miaut, da du nicht darauf reagierst. Kurzzeitig wird das Verhalten auch besser, doch nach zwei bis drei Wochen erreicht das Miauen einen Höhepunkt und wird von Bobby viel intensiver gezeigt. Deine Katze kann deine Ignoranz ihr gegenüber nicht kontrollie-

ren. Was sie aber kontrollieren kann, ist, wie sie darauf reagiert. Das Gefühl des Kontrollverlusts macht deiner Katze zusätzlich Angst, und da du nun gar nicht mehr reagierst, zeigt Bobby das störende Verhalten intensiver.

Bobby zeigt dir, dass ein Ungleichgewicht in ihrem Leben herrscht. Bobbys Lebensakku ist also fast leer bzw. im orangeroten oder roten Bereich.

Die Gründe für diese Unzufriedenheit herauszufinden kann schwierig sein. Hier können ein Verhaltensprotokoll und Videoaufnahmen helfen, mögliche Stressfaktoren zu erkennen. Mit festen Routinen, Beschäftigungszeiten und einem gut strukturierten Tagesablauf kann diesem Verhalten entgegengewirkt werden.

Verhalten ändert sich nicht von jetzt auf gleich. Es benötigt viel Eins-zu-eins-Training mit der Katze, Managementmaßnahmen, Wohnraumoptimierung und Geduld, um Verhalten nachhaltig verändern zu können.

Es ist wichtig, die Gefühle der Katze bei unerwünschten Verhaltensweisen zu begleiten und die eigene Katze mittels lösungsorientierter und stressreduzierender Maßnahmen zu unterstützen, anstatt sie zu ignorieren oder zu bestrafen. Katzen sind dabei nicht absichtlich unaufmerksam, wenn sie nicht auf unsere Signale reagieren. Sie sind mit ihrer Umwelt so überfordert, dass sie gar nicht die Möglichkeit haben, anders zu reagieren. In solchen Momenten hilft ein Entspannungssignal (siehe den Abschnitt »Ankündigungssignale einüben«), um die Erregung der Katze zu senken. Es spricht nichts dagegen, diese Signale mehrmals (maximal fünfmal) zu sagen, je nach aktueller Situation ist das auch nötig, um die Aufmerksamkeit zu gewinnen. Dabei müssen die Signale motiviert wiedergegeben werden. Ich weiß, dass das eine der größten Herausforderungen ist. Wird das aber nicht gemacht, dann vermitteln wir negative Gefühle, die das Verhalten beeinflussen und die Gesamtsituation schwieriger gestalten.

Wenn deine Katze trotz katzenfreundlichem Wohnraummanagement, einem guten Beschäftigungsangebot und Entspannungsangeboten von dir unerwünschtes Verhalten zeigt, kannst du deiner Katze eine Alternative anbieten. Grundsätzlich gilt, dass vor jedem unerwünschten Verhalten mindestens ein erwünschtes Verhalten existiert, das du verstärken kannst, sodass das unerwünschte Verhalten erst gar nicht auftritt. Denn unerwünschte Verhaltensweisen treten nicht plötzlich oder isoliert auf, sondern sind Teil einer ganzen Verhaltenskette.

Ein kurzes Gedankenspiel:
Bevor deine Katze auf die Küchenzeile springt, belohnst du sie für das Hochsehen. Denn ehe deine Katze irgendwo hochspringt, muss sie sich sicher sein, dass sie dort auch gut landen kann, da reicht ein kurzer Blick vollkommen aus. Dieses kurze Schauen kann positiv – z. B. durch deine Aufmerksamkeit und positives Ansprechen – belohnt werden. Anschließend holst du deine Katze aus der Situation, am besten auch aus dem Raum heraus und bietest eine Alternative an. Ist das Vorab-Umorientieren nicht mehr möglich, solltest du dennoch **konsequent** das Verhalten deiner Katze unterbrechen, damit es sich nicht festigt.

Konsequent sein bedeutet nicht, unfreundlich oder laut gegenüber unseren Haustieren zu sein. Konsequenz in der Katzenerziehung bedeutet, Verlässlichkeit, Sicherheit und Erwartungstreue in verschiedenen Situationen zu bieten.

Da das Arbeiten mit Strafe nicht nur tierschutzrechtlich verboten, sondern auch aus tierpsychologischer Sicht unsinnig ist, sollte das störende Verhalten durch ein Signal umorientiert werden. Dieses Signal nennt sich »Umorientierungssignal« und muss vorher eintrainiert werden.

Umorientierungssignale helfen dabei, dass das Tier das gezeigte Verhalten unterbricht und sich kurzzeitig auf seine Besitzer*innen fokussiert. Parallel dazu sollte das erwünschte Verhalten im Alltag verstärkt werden. Springt deine Katze häufig auf die Küche, solltest du das Verhalten »alle vier Pfoten auf dem Küchenboden« belohnen. Auch kann ein zusätzlicher gemütlicher Katzenplatz in deiner Küche helfen, indem dessen Aufsuchen als Alternativverhalten verstärkt wird. Deine Katze lernt so, mit dem unerwünschten Verhalten aufzuhören, und in Folge, dass die Alternativverhaltensweisen lohnender sind. Dabei gilt es stets, verlässlich die Alternativen zu verstärken.

Wir haben immer die Wahl, freundlich und fair zu unseren Tieren zu sein!

Bei Umorientierungssignalen ist es außerdem wichtig, sie motiviert und positiv abzurufen, mit deiner Katze dann aus der Situation zu gehen, kurz abzuwarten und anschließend eine länger dauernde Beschäftigung wie zum Beispiel ein Futterspiel anzubieten. Dadurch ist die Wahrscheinlichkeit, dass deine Katze erneut in das unerwünschte Verhalten kippt, deutlich geringer. Wie genau du verschiedene Umorientierungssignale eintrainieren und einsetzen kannst, erfährst du im Kapitel »Training: So klappt's«.

Bestrafungen sind ein No-Go

Katzen werden leider immer noch sehr häufig für »falsches« Verhalten bestraft, in der Hoffnung, dass sie Strafe und ihr »Fehlverhalten« verstehen. Dabei wird die Katze entweder aktiv oder passiv bestraft. Bei der aktiven aversiven Bestrafung wird die Katze durch Schreckreize bestraft. Das wären zum Beispiel die Wasserspritze, lautes Klatschen, Anschreien, blockierende Körperbewegungen oder andere handgreifliche Tätigkeiten. Auch kann die Katze passiv bestraft werden, indem ich ihr etwas entziehe, wie zum Beispiel Aufmerksamkeit (Kontaktabbruch/Ignorieren) oder auch Futter. Hier stehen negative Emotionen im Fokus. Wenn wir Strafe einsetzen, entscheiden wir uns **bewusst** dafür, unserer Katze etwas Negatives zuzufügen. Das primäre Ziel dabei ist nicht, dass die Katze etwas nicht tut, sondern, dass sie sich in diesem Moment nicht gut fühlt.

Ich verstehe nicht, wie man als Katzenbesitzer*in fähig sein kann, sich bewusst für Strafe einzusetzen und sie im Alltag anzuwenden. Es ist unfair. Aus meiner Sicht ist das

Einsetzen von Strafe in jedem Fall zu unterlassen. Wir Menschen haben uns bewusst für unser Haustier entschieden, daher müssen wir auch seine psychische Gesundheit berücksichtigen. Ein gewaltfreier und positiver Umgang sollte eine Selbstverständlichkeit in der Katzenhaltung sein.

Zur Bestrafung zählt auch, kätzisches defensives Verhalten zu »imitieren«. Ein kurzes Anpusten soll demnach dem Fauchen einer Katze entsprechen. So sollen Katzen anscheinend auf kätzische Weise lernen, dass etwas »falsch« ist. Nur leider ist diese Methode nicht zielführend und ungerecht. Katzen wissen, dass wir keine Katzen sind, Katzenverhalten nachahmen zu wollen, macht in diesem Kontext keinen Sinn. Auch machen »versteckte« Bestrafungen wie zum Beispiel doppelseitiges Klebeband an Sofas, um Kratzspuren zu vermeiden, oder automatische Wassersprühgeräte, um die Katze davon abzuhalten, einen Raum zu betreten, keinen Sinn. Sie fügen der Katze nur Schmerzen zu, es erfolgt kein nachhaltiges Lernen und das unerwünschte Verhalten wird nicht behoben, sondern verschiebt sich in den meisten Fällen. Außerdem können Katzen unter Umständen den negativen Reiz mit etwas anderem in Verbindung bringen, im schlimmsten Fall sogar mit einem weiteren Haustier, das im selben Haushalt wohnt. So denkt die Katze beispielweise, dass die andere Katze am negativen Reiz Mitschuld trägt, und die Gruppendynamik verschlechtert sich. Dieses Erlebnis kann für sensible Katzen so intensiv sein, dass sie panische Angst vor ihren Mitbewohner*innen bekommt und es zu starken Auseinandersetzungen kommen kann.

Ein scharfes »Nein!« ist übrigens auch nichts anderes als eine aktive aversive Bestrafung. Die wenigsten Katzen wissen, was dieses Wort wirklich bedeutet, da es viel zu häufig im Alltag vorkommt. Und »Nein« ist nur ein Wort. »Nein« ist kein Verhalten. Du überträgst zwar deine negative Stimmung mit einem scharfen »Nein« auf deine Katze, eine Lernreaktion erfolgt jedoch nicht. Auch kann es passieren, dass das »Nein« einen verstärkenden Effekt auf deine Katze und das Verhalten hat. Das gilt vor allem für Verhaltensweisen, die aufgrund von Unterforderung gezeigt werden. Hier wirkt die negative Aufmerksamkeit als Belohnung für das unerwünschte Verhalten.

Viel sinnvoller ist es, statt des klassischen »Nein!« ein sogenanntes positiv trainiertes Umorientierungssignal zu setzen, um deiner Katze mitzuteilen, welches Verhalten sie stattdessen zeigen soll. Zusätzlich kann auch ein »Nein« mit anderen Verhaltensweisen verknüpft werden, mit denen Grenzen gesetzt werden – zum Beispiel damit, dass sie in eine andere Richtung laufen oder sich hinsetzen soll.

Dieses »Nein« gibt der Katze dann die Möglichkeit, etwas Bestimmtes anderes zu tun und in Zukunft selbstwirksam zu agieren. Das muss natürlich vorab positiv trainiert werden und das Signal darf nicht negativ oder scharf ausgesprochen werden.

Wer Strafe einsetzt, gibt seiner Katze bewusst (!) nie die Chance, positives, erwünschtes Verhalten zu zeigen!

Bei unerwünschtem Verhalten wird auch fälschlicherweise erwartet, dass die Katze Einsicht zeigt. Katzen wird unterstellt, genau zu wissen, dass wir Menschen ein bestimmtes

Verhalten nicht mögen und sie es trotzdem zeigen, um uns Besitzer*innen zu ärgern. Verhalten hat, wie bereits erwähnt, immer verschiedene Motivationen und Gründe. Es gibt aber sicherlich nicht den Grund »Menschen ärgern« als Auslöser für unerwünschte Verhaltensweisen. Es gibt auch keine Verhaltensprobleme, die aus Protest gezeigt werden. Leider klassifizieren wir Verhaltensprobleme, die wir nicht selbstständig oder schnell genug lösen können, gerne als »Protestverhalten«. Ein klassisches Beispiel ist hier die Unsauberkeit. Unsauberen Katzen wird nachgesagt, aus Protest unsauber zu sein. »Die Katze pinkelt aus Protest auf meine Schuhe, weil sie ihr Lieblingsfutter nicht bekommen hat«, mit solchen oder ähnlichen Sätzen werde ich als Katzentrainerin konfrontiert. Meine Aufgabe ist es nun, aufzuklären. Katzen zeigen kein (!) Verhalten aus Protest oder um uns zu ärgern. So komplex können Katzen nicht denken. Katzen machen sich über solche Dinge keine Gedanken, sie zeigen unerwünschtes Verhalten, um auf ihre innere Unruhe, also Stress, aufmerksam zu machen oder weil ein Kommunikationsproblem besteht. Würden Katzen Verhaltensweisen aus Protest zeigen, müssten sie wissen, dass sie uns Besitzer*innen bewusst für ein bestimmtes Verhalten, das wir in der Vergangenheit gezeigt haben, bestrafen können. Außerdem wären sie in der Lage, zu erkennen, welche Gegenstände (zum Beispiel Schuhe, auf die gepinkelt wird) wir besonders gernhaben und wann es innerlich »wehtut«, wenn sie zerstört werden. Zudem sind natürliche Verhaltensweisen wie das Kratzmarkieren oder das Absetzen von Urin nichts Negatives. Beim »Protestpinkeln« müsste die Katze also verstehen, dass wir uns davor ekeln. Da Katzen zu solchen abstrakten Gedankengängen nicht fähig sind, existieren auch keine Verhaltensweisen, die aufgrund von Protest gezeigt werden.

Das große Problem bei Strafen ist, dass sie fast immer wirken, nur nicht so, wie es sich die meisten Besitzer*innen wünschen. Es ist eine für uns Menschen relativ bequeme Art, die Katze dazu zu bringen, mit einem bestimmten Verhalten aufzuhören. Bei vielen Katzen zeigt aversives Training Wirkung und der Mensch fühlt sich in seinem Tun bestätigt. Die Wahrheit ist aber, dass es die Mensch-Katze-Beziehung stark beschädigt und eine unfaire Art der Kommunikation ist. Denn woher soll die Katze wissen, welches Verhalten du in Zukunft häufiger sehen möchtest und welches du gut findest, wenn du kein konkretes Verhalten verstärkst? Wir sehen erwünschtes »normales« Verhalten als selbstverständlich an, und genau hier liegt der Fehler in der Katzenerziehung. Damit das Zusammenleben harmonisch abläuft, müssen wir ehrlich und katzenfreundlich mit unseren tierischen Mitbewohner*innen umgehen. Das bedeutet aber auch, dass wir Verhalten verstärken, das uns gefällt.

Ein kurzes Gedankenspiel:

Deine Katze springt regelmäßig auf den Esstisch und du möchtest, dass dieses Verhalten weniger gezeigt wird. Nach Recherchen im Internet bist du auf eine Möglichkeit gestoßen, deiner Katze deutlich zu machen, dass sie das nicht darf. Aus diesem Grund bewaffnest du dich mit einer Wasserspritze und wartest, bis deine Katze das unerwünschte Verhalten zeigt. Sobald sie nun auf den Tisch springt, ziehst du die Wasserspritze hervor und bespritzt deine Katze mit kaltem Wasser, direkt ins Gesicht. Dein Training zeigt auch

Wirkung, denn deine Katze springt nun seltener auf den Tisch.

Deine Katze hat aber keineswegs gelernt, dass sie nicht mehr auf den Tisch springen soll. Sie hat die Erfahrung gemacht, dass sie sich in deiner Anwesenheit beim Esstisch unwohl fühlt. Sie hat Angst, dass sie wieder mit kaltem Wasser bespritzt wird. Deine Katze wird lernen, nur auf den Tisch zu springen, wenn du nicht in der Nähe bist. Richtig verstanden, dass sie dieses Verhalten nicht zeigen soll, hat sie sicherlich nicht. Allgemein lernen Katze durch Strafe eben nicht, etwas nicht zu tun, sondern etwas nur dann zu tun, wenn der oder die Besitzer*in nicht da ist oder hinsieht. Im Kapitel »Probleme verstehen und lösen« erfährst du, wie es richtig geht.

Wenn du nicht möchtest, dass deine Katze Angst vor dir hat, solltest du keine Strafreize anwenden.

Neben der Beziehungszerstörung, die bei Anwendung von Strafe folgt, kommt es auch zur Stressreaktion im Körper der Katze. Das kann sich wiederum in unerwünschten Verhaltensweisen widerspiegeln, und es kommt somit zu einem Teufelskreis von negativen Verhaltensweisen. Stress können Katzen leider nicht schnell abbauen und es sind viele stressmindernde Maßnahmen nötig, um das Vertrauen der Katze zurückzugewinnen. Katzen, die regelmäßig bestraft werden, schirmen sich von der Umwelt ab. Denn bevor die Katze etwas falsch macht, macht sie lieber gar nichts, und die Lebensqualität der Katze leidet darunter sehr stark.

Auch kann sie lernen, dass ihr Verhalten unwirksam ist. Das passiert vor allem bei Katzen, die ignoriert werden, wenn sie sich ausdrücken. Dadurch kann es immer wieder zu intensiven Phasen kommen, in denen die Katze unerwünschtes Verhalten zeigt, in anderen wirkt sie antriebslos.

Katzen können durch Strafe auch »explosiv« werden. Diese Katzen lassen Bestrafungen über sich ergehen, so lange, bis sie deutlich zeigen, dass es ihnen nicht gut geht. Dann resultieren heftige Angriffe gegenüber Menschen wie auch anderen Tieren im gemeinsamen Haushalt.

Strafe ist also ein kurzfristiges Konzept, das nicht zielführend, sondern gemein gegenüber unseren Haustieren ist. Wer Strafe (un)bewusst nutzt, sollte die Haustierhaltung überdenken.

Muss ich meiner Katze Grenzen aufzeigen?

Wer glaubt, dass es im positiven Training keine Regeln oder Grenzen gibt, irrt. Es gibt sie. Grenzen sind wichtig, um Stabilität und Verlässlichkeit im Katzenalltag zu haben. Der Fokus liegt aber nicht auf dem Bestrafen. Grenzen werden positiv durch Management, Ankündigungen und Umorientierungssignale aufgezeigt. Dadurch stellen wir nachhaltiges Lernen sicher, mit dem positiven Nebeneffekt, dass das Vertrauen zwischen Mensch und Katze wächst und unerwünschtes Verhalten weniger oft gezeigt wird.

Wie fördere ich erwünschtes Verhalten?

Positives Verhalten zu fördern ist mit dem richtigen Knowhow bei allen Katzen, unabhängig von Alter, Geschlecht oder Rasse, möglich. Um erwünschtes Verhalten fördern zu können, müssen wir uns erst mal Gedanken darüber machen, was erwünschtes Verhalten für uns bedeutet. Finde ich es gut, wenn meine Katze auf Zuruf kommt? Finde ich es gut, dass meine Katze in der Nacht bei mir schläft? Erst wenn du weißt, welches Verhalten du öfter sehen möchtest, kann du Trainingspläne hierfür erstellen und sie gemeinsam mit deiner Katze umsetzen. Katzen sind vor allem dann fähig, zu lernen, wenn alle weiteren Bedürfnisse weitgehend befriedigt sind. Nicht jedes Bedürfnis oder jeder Katzenwunsch kann sofort erfüllt werden. Die Lebensqualität darf im Zusammenleben allerdings nicht darunter leiden. Denn es gilt immer: Je mehr Bedürfnisse meiner Katze erfüllt sind, desto zufriedener ist sie. Zufriedenheit ist ein wichtiger Faktor, wenn es darum geht, Verhalten zu verändern und zu festigen.

Als Besitzer*in lege ich den Fokus auf erwünschtes Verhalten, indem ich es bewusst wahrnehme, achte und individuell verstärke. Ich arbeite also *mit* meiner Katze und nicht *gegen* sie. Dieses Umdenken benötigt Zeit. Veränderung kann nicht sofort eintreten, das gilt gleichermaßen für Mensch und Tier. Wir Menschen brauchen Zeit, um diesen positiven Zugang zur Katzenerziehung umzusetzen. Unsere Katzen benötigen Zeit, um Gelerntes im Alltag umsetzen zu können. Das kann im Einzelfall wenige Wochen bis hin zu mehreren Monaten dauern. Und auch wenn schon alles im Katzenhaushalt perfekt abläuft, sollte Verhalten regelmäßig belohnt werden. Ich belohne meine mittlerweile elfjährige Katze Alexis immer noch jedes Mal, wenn sie auf Zuruf zu mir gelaufen kommt. Das schaffe ich mit Alltagsmarkern, die meine Katze davor bereits kennengelernt hat. Im positiven Training hört man nicht auf zu trainieren, denn erwünschtes Verhalten soll sich auch in Zukunft lohnen.

Außerdem kann der Prozess des Eintrainierens verschiedener Verhaltensweisen sehr viel Spaß machen und vertieft die Beziehung zur Katze.

Spiele und Training

Ganz egal, ob Spielen, Clickern, gemeinsame Spaziergänge oder individuelle Unternehmungen mit deiner Katze: Diese Beschäftigungsmöglichkeiten tragen einen großen Teil zum Wohlbefinden und zur Stressreduzierung deines Haustiers bei. Selbst wenn uns der Alltag manchmal überrollt, sollte die Beschäftigung mit der eigenen Katze nicht zu kurz kommen. Gemeinsame Aktivitäten müssen nicht stundenlang stattfinden, ganz im Gegenteil, das würde nur zur Überforderung der Katze führen. Kurze Beschäftigungseinheiten, die nicht viel Vorbereitung brauchen, können im stressigen Alltag gut kombiniert werden und werden von Katzen sehr gerne angenommen. Sie profitieren stark von einem gut durchdachten Beschäftigungssystem, da es sowohl die körperliche als auch die seelische Verfassung der Katze unterstützt. Bei jeder gemeinsamen positiven Aktivität steigt der Serotoninspiegel der Katze an, der das Stressniveau sinken lässt und Angstzustände der Katze reduziert. Das kann insbesondere für Katzen im Mehrkatzenhaushalt förderlich sein, um Spannungen zu lösen, gerade dann, wenn Beschäftigung sowohl eins-zu-eins als auch in der Gruppe stattfindet. Ist die Beschäftigungseinheit positiv gestaltet, dann werden alle Faktoren mitkonditioniert, da sind Katzen sehr genau und verknüpfen ihre Mitkatzen oder -menschen zusätzlich positiv mit. Die positive Stimmung der Katze wird gefestigt, und genau das ist auch eines der Ziele der bedürf-

nisorientierten und katzengerechten Erziehung. Denn wenn die Stimmung der Katze überwiegend positiv ist, ist das Risiko der Ausbildung von störenden Verhaltensweisen oder -problematiken nahezu nicht gegeben. Beschäftigung spielt daher bei der Problemlösung und in der aktiven Verhaltensberatung immer eine bedeutende Rolle, die nicht zu unterschätzen ist. Gerade auch, weil im direkten Training alternative Verhaltensweisen erlernt werden können, die wir dann in der Praxis einsetzen können.

Beschäftigung, vor allem das Spielen und Clickern, verbessert die kognitive Leistung der Katze und festigt den Charakter. Etwas Neues zu erlernen oder zu erkunden macht der Katze nicht nur Spaß, sondern schafft auch neue Nervenverbindungen im Gehirn. Das Gelernte wird abgespeichert, und die Katze kann darauf zurückgreifen, wenn es erforderlich ist.

Durch positives Training und Beschäftigung lernen Katzen, selbstwirksam zu sein. Sie können »eigene« gelernte Bewältigungsstrategien in stressigen Situationen einsetzen. Meine Katze Alexis setzt bestimmte Übungen um, wenn ihr eine bestimmte Situation akut unsicher erscheint. Wenn wir mit Geschirr und Schleppleine gesichert spazieren gehen, kommt es vor, dass sie ihre Vorderpfoten jeweils auf einen meiner Schuhe legt, während sie zwischen meinen Beinen steht. Dieses Verhalten haben wir aktiv im Tricktraining geübt. Ich hatte beim Einstudieren dieses Tricks nicht den Hintergedanken, dass er uns im Alltag hilfreich sein sollte. Der Trick wurde nur eintrainiert, weil Training Spaß macht und recht spektakulär aussieht, die Verstärkerhistorie des Verhaltens (siehe Kapitel »Die Grundlagen der Katzenerziehung«) war daher sehr hoch. Alexis wählt sehr oft dieses Verhalten, um mir aktiv zu zeigen, dass sie meine Nähe und Sicherheit braucht. Sie hat verstanden, dass sie Gelerntes in neuen Situationen gezielt einsetzen kann.

Vor allem lernt die Katze auch, klar zu kommunizieren, um für sich selbst Grenzen zu setzen. Da Beschäftigung auf Freiwilligkeit beruht, dürfen Katzen jederzeit die jeweilige Einheit verlassen, ohne dass sie negative Konsequenzen für sie zu erwarten hätten. Es erfolgt ein Selbstbewusstseins-Boost durch die vielen kleinen Erfolgsmomente und die Möglichkeit, aktiv und bewusst zu handeln. Ich habe Katzen im Kapitel »Grundlagen der Katzenerziehung« schon mit Detektiven verglichen. Beschäftigung in Kombination mit Routinen schaffen Vorhersehbarkeit. Das sorgt dafür, dass die Katze etwas Kontrolle über ihr eigenes Leben wiedererlangt, und wie wir auch bereits wissen, ist Kontrollverlust einer der Hauptauslöser für Angstverhalten bei Katzen. Und Rituale, die zusammen mit der Katze stattfinden, verstärken die Mensch-Katze-Beziehung und schaffen ein neues gegenseitiges Kennenlernen. Schlussendlich macht Beschäftigung viel Spaß, auch aus Katzenbesitzer*innensicht. Beschäftigung muss kein stressiges Element im Zusammenleben sein, sondern kann genauso stressreduzierend auf uns Menschen wirken, vorausgesetzt, sie ist gut geplant.

Damit die Beschäftigung auch wirklich sinnvoll ist und klappt, solltest du Folgendes beachten:

Start- und Endsignale

Diese Signale geben der Katze die Möglichkeit, sich auf eine gemeinsame Aktivität einzustellen oder auch sie abzusagen. Dies gibt der Katze Kontrolle und einen geregelten Ablauf,

der im Alltag oft nicht existiert. Start- und Endsignale sollten kurz, verständlich und motiviert geben werden. Ich persönlich verwende ein sicht- und hörbares Zeichen. Mein verbales Startsignal ist die Phrase »Alexis/Freddie/Balthazar, gehen wir ...«, wobei ich am Ende meine Aktivität wie Clickern, Gassi, Balkon, Spielen, etc. einsetze. Mein Endsignal ist ganz klassisch das Wort »Ende« mit dem Zeigen meiner leeren Handflächen. Interessanterweise haben die meisten Katzenbesitzer*innen bereits ein Endsignal aufgebaut, häufig in Kombination mit Futter, wenn es keine Leckerchen mehr zu fressen gibt. Dieses Endsignal kann für die Aktivitäten weiterverwendet werden.

Struktur der einzelnen Einheiten

Beschäftigungsmaßnahmen müssen durchdacht sein, damit sie voll wirksam sind. Struktur ist hier besonders wichtig, um die Katze (und uns) vor dem Kontrollverlust zu schützen. Die Einheit jeder einzelnen Aktivität variiert je nach Thema. Während Spieleinheiten meistens zwischen drei und fünfzehn Minuten andauern können, sollte die Zeit beim Clickertraining maximal zwei Minuten und dreißig Sekunden pro Katze betragen. Mentale Beschäftigung macht häufig müder als körperliche, und um Überarbeitung und Überforderung zu vermeiden (die im Übrigen zu denselben Verhaltensproblemen wie die Unterforderung führen), sollte sich an die Zeitangabe gehalten werden. Zudem ist es wichtig, den Aufbau der Aktivitäten zu verstehen. Vorstellen kann man sich das Ganze wie einen Spannungsbogen. Es gibt bei der Aktivitätskurve immer drei gleiche Teile: den Spannungsaufbau bzw. die Einleitung, den Höhepunkt und den Spannungsabbau bzw. den Abschluss. Jeder Teil ist von gleicher

Bedeutung, denn nur dann funktioniert Beschäftigung stressfrei und hochwertig für die Katzenseele. Gerade bei der Spielbeschäftigung wird in fast allen Fällen das Spiel zu früh abgebrochen oder gerade dann, wenn es richtig spannend geworden ist. Das sorgt nicht nur für Frust, die sich in Aggression gegenüber den Mitkatzen äußern kann, sondern sorgt auch für weniger Motivation beim nächsten Spielversuch. Der Abschluss einer einzelnen Einheit muss gut durchdacht stattfinden.

Das Ziel von Beschäftigung ist in der Regel die spätere Entspannung der Haustiere. Diese Entspannung kann jedoch nur eintreten, wenn die zuvor ausgeübte Aktivität auch ruhig war. Aus diesem Grund macht es Sinn, zusätzlich zum Spannungsabbau während der Aktivität auch noch für Entspannung danach zu sorgen. Sie kann in Form eines Schnüffelteppichs oder einer Schleckmatte geboten werden. Schnüffeln und Schlecken wirken immer und sofort stressreduzierend.

Stimmungszonen

Durch das Aufsuchen von mit bestimmten Aktivitäten verknüpften Stimmungszonen kann die Katze ihrer Bezugsperson direkt mitteilen, dass sie eine bestimmte Aktivität starten möchte. Die Katze hat hier die Kontrolle und lernt, dass ihr eigenes Verhalten wirksam ist. Stimmungszonen können in jeder Form angeboten werden, meistens reicht eine kleine Schachtel oder Decke, auf die sich die Katze setzt. Da Katzen ursprünglich nicht wissen, was Stimmungszonen sind, müssen sie vorab trainiert und der Katze »erklärt« werden. Das machst du folgendermaßen:

Vorbereitung: Wähle eine bestimmte Zone aus. Der Bereich sollte zentral in der Wohnung sein, einer, in dem sich

Katze und Mensch gerne aufhalten. Die Zone in Form einer Decke oder Schachtel ist statisch und wird nicht weggeräumt oder verändert, zudem bleibt auch die verknüpfte Aktivität gleich. Auch eine Stufe des Kratzbaums eignet sich hervorragend als Stimmungszone. Für verschiedene Aktivitäten gibt es verschiedene Zonen oder gelernte Verhaltensweisen, sodass uns Katzen ihr Aktivitätsbedürfnis vorab kommunizieren können.

Aktives Training: Nun nimmst du ein bis drei Leckerli in die Hand und führst deine Katze auf die Zone. Sobald sie dort sitzt, wird sie belohnt und es erfolgt anschließend die gewählte Aktivität. Die Katze wird also von der Zone heruntergeführt, um die Beschäftigung umzusetzen. Diesen Ablauf wiederholst du mehrmals die Woche, um das Verhalten zu festigen.

Einsatz im Alltag: Sobald sich die Katze nun auf diese Zone setzt, sollte anschließend und wenig zeitverzögert die Aktivität folgen. Sie kann dann auch zusätzlich mit Start- und Endsignal angekündigt werden. Praktisch ist, dass Katzen rasch lernen, dass sie die Zone nur dann einsetzen können, wenn wir im selben Raum sind. Wenn Katzenbesitzer*innen zu diesem Zeitpunkt keine Zeit haben, sollte auch das mit einem Signal wie zum Beispiel »Pause« angekündigt werden. So können auch die Besitzer*innen eine Grenze setzen. Eine zusätzliche Maßnahme, wie das Befüllen von Futterspielen, kann helfen, die gesetzte Pause zu überbrücken, den Wunsch nach Beschäftigung zu erfüllen und aufkommende Frustration zu lenken.

Stimmungszonen schaffen Erwartungssicherheit und Struktur im Alltag, die auch für viele Katzenbesitzer*innen hilfreich sein kann.

Cats just want to have fun

Bei jeder Aktivität sollte der Spaß im Fokus stehen. Erzwungenes Spielen ist nicht zielführend, da wir diese Stimmung nur an die Katze weitergeben. Wer sich also jetzt denkt: »Die Katzentrainerin hat gesagt: Ich muss spielen«, und nur aus diesem Grund mit der eigenen Katze spielt, sollte das nochmals überdenken. Viele Katzen müssen erst wieder lernen, dass gemeinsame Aktivitäten Spaß machen und eben nicht zu Frust im Nachhinein führen. Bei Katzenbesitzer*innen wird durch dieses Buch hoffentlich der Fokus auf das bewusste Erleben mit der Katze gelenkt. Das kann auch auf den Menschen erst mal ungewohnt wirken. Schnell aber wird das Spiel, Clickern oder eine sonstige Beschäftigungsmaßnahme zu Routine, die nicht mehr wegzudenken ist.

Gemeinsame positive Momente mit deiner Katze und eine bessere Beziehung zu ihr sind ab heute nicht mehr dein Traum, sondern dein Ziel, an dem du kleinschrittig arbeiten kannst. Routinen und Rituale helfen dir dabei, dein neues Ziel zu erreichen. Sie müssen nicht besonders spektakulär sein oder lange andauern, sondern sollten sich gut im Alltag umsetzen lassen. Gleich bleibende Morgen- und Abendroutinen strukturieren nicht nur den Alltag, sondern setzen sofortige positive Impulse, vor allem morgens für den Tag. So wird das Risiko von aufkommenden störenden Verhaltensweisen oder -problemen reduziert, und die Katze startet positiv in den Tag oder die Nacht.

Eure gemeinsame Morgenroutine

Nach dem Aufstehen wird die Katze begrüßt und bei Bedarf kurz gekuschelt. Sie erhält, während du dir dein Frühstück zubereitest, einen kleinen Teil ihrer Futterration. Sie kann in Form eines kleinen Schnüffelteppichs oder einer Schleckmatte oder auch bei einer aktiven Trainingseinheit gegeben werden, das kommt vorwiegend auf die Stimmung der Bezugsperson an. Nach dem Frühstück kann die Katze während deines Badezimmeraufenthalts aus einem mit beißfestem Katzennetz gesicherten Fenster die Umwelt erkunden und ihrer Arbeit als Nachbarschaftsspionin nachkommen. Auch kannst du kleine selbstfahrende Spielzeuge in der Badewanne oder Dusche anbieten. Das ist eine einfache Beschäftigungsmöglichkeit, die du gut während des Zähneputzens einsetzen kannst. Diese Maßnahmen brauchen nicht viel Zeit, und auch wenn nur eine Aktivität umgesetzt wird, bietet das einen Mehrwert für deine Katze.

Im Anschluss kannst du deine Katze nochmals füttern, Futterspiele auffüllen und in deinen Alltag starten, in dem Wissen, dass deine Katzen einen genauso angenehmen Start in den Tag hatten wie du.

Eure gemeinsame Abendroutine

Die Katze wird gefüttert und anschließend erfolgt eine kurze Ruhephase, die besonders für uns Menschen zum Abschalten wichtig ist. Ich rate davon ab, sofort nach dem Nachhausekommen für Bespaßung zu sorgen. Ein geregelter und aufbauender Ablauf ist um einiges zielführender. Nach der Ruhephase kann und sollte aber etwas Action ins Spiel kommen. Gerade am Abend sind viele Katzen bereit, körperlich zu arbeiten; zum Beispiel das Spielen mit der

Lieblingsangel schafft viele positive Erlebnisse für die Katze. Nachdem das Spiel beendet wurde, kann die Katze erneut gefüttert werden oder sich das Futter zur Entspannung aus Futterspielen selbst erarbeiten.

Wir erinnern uns daran, dass wir von Katzen nur dann ruhige Verhaltensweisen erwarten können, wenn die zuvor gezeigte Aktivität auch ruhig war. Eine Spieleinheit, die wenige Sekunden vor dem Zubettgehen beendet wird, ist nicht zielführend. Zwischen Aktivitäten und dem Schlafengehen sollten mindestens dreißig Minuten liegen. Dabei kann das Schlafengehen mit einem zusätzlichen Gute-Nacht-Signal und Managementmaßnahmen wie dem Einschalten eines Nachtlichtes, dem Anbieten von Schnüffelteppichen oder einer Kuscheleinheit gefestigt werden. Die Abendroutine darf und sollte Action beinhalten, um den Energielevel der Katze zu senken, das aber eben nicht direkt vor dem Schlafengehen. Zudem können Clickertrainingseinheiten, gemeinsames Aus-dem-Fenster-Blicken oder andere Eins-zu-eins-Beschäftigungen angeboten werden.

Verschiedene Beschäftigungsarten

Es gibt ganz individuelle Beschäftigungsformen, dabei haben auch Katzen und ihre Menschen Vorlieben. Manche Katzen präferieren mentale Beschäftigung, andere körperliche wie wilde Jagdspiele. Um die Ausgeglichenheit der Katze zu fördern, sollten beide Aktivitätsformen im Alltag Platz finden. Dabei müssen auch das Alter und der gesundheitliche Zustand der Katze berücksichtig werden. Weder mit älteren noch mit sehr jungen Katzen sollte zu wild und

ohne nötige Absicherung, wie einer gelenkschonenden Unterlage gespielt werden. Beschäftigung kann sowohl über das Wohnraummanagement und passiv stattfinden als auch aktiv in Eins-zu-eins- oder Gruppeneinheiten.

Dein Zuhause – ein Beschäftigungsparadies

Die Optimierung des Wohnraumes ist eine direkte Investition in die Lebensqualität der Katze. Je besser und attraktiver er gestaltet wird, desto sicherer und resilienter können Katzen auf neue, unbekannte Situationen reagieren. Mit ein wenig handwerklichem Geschick können Catwalks durch die gesamte Wohnung oder auf einen Raum beschränkt gebaut werden. Beobachtungsplätze bieten einen wichtigen Teil der Beschäftigung, der gut unabhängig stattfinden kann. Genau dazu sind auch die verschiedenen Katzenmöbel gedacht. Die arbeitsbedingt oft lange Abwesenheit von Besitzer*innen fördert die Langeweile und somit auch das Potenzial für das Entwickeln störender Verhaltensweisen als Ersatztherapie zum monotonen Alltag. Selbstbeschäftigung ist eine wichtige Fähigkeit, die viele Katzen aufgrund einer reizarmen und nicht einladenden Umgebung nicht zeigen können. Da helfen nicht nur hohe Kratzbäume oder Catwalks, sondern auch Fensterplätze. Katzen verbringen laut einer Studie aus dem Jahr 2009 bei Abwesenheit der Besitzer*innen ungefähr 20 Prozent der Zeit mit dem Hinausblicken aus einem Fenster. Mit Fensterhängematten zum Beispiel lassen sich ein sicherer, erhöhter Rückzugsort und Beschäftigung gut kombinieren.

Der Gedanke, dass bei Abwesenheit alle Spielzeuge weggeräumt werden müssen, damit sie interessant bleiben, ist falsch. Spielzeug sollte immer zu Verfügung stehen, damit die Katze selbstständig entscheiden kann, ob sie für sich spielen möchte. Beachten muss man hierbei allerdings, dass Spielzeug an Schnüren oder Spielangeln nicht unbeaufsichtigt bleiben sollten. Die Lieblingsspielmaus oder kleine Bällchen können hingegen immer angeboten werden. Auch Spieltunnel eignen sich perfekt, um zusätzlichen Raum für die Katze zu schaffen oder das aktive Spiel spannender zu gestalten. Neue Impulse schafft man, indem die Tunnel regelmäßig anders platziert werden.

In den letzten Jahren sind auch sogenannte Katzenlaufräder beliebt geworden. Beim Laufen verbrennen Katzen nicht nur Kalorien, diese Tätigkeit sorgt auch für eine innere Balance. Bei Kauf eines Laufrades ist der Durchmesser des Rades wichtig. Er sollte so groß wie möglich sein, um ein gesundes Laufen zu ermöglichen und einen durchhängenden Rücken zu vermeiden. Die meisten Katzen finden offene Laufräder, die von beiden Seiten begehbar sind, besser als die, die eine Rückwand eingebaut haben. Laufräder brauchen Platz und sind kostspielig, die meisten Katzen nehmen sie nach einer kurzen Einführungsphase aber wirklich sehr gerne an. Mein Kater Freddie läuft auf den Tag verteilt zirka eine Stunde in seinem Rad, manchmal mit seinem Katzenkumpel Balthazar zusammen. Dadurch haben sich störende Verhaltensweisen wie das Öffnen von Türen oder das Hochklettern an Vorhängen drastisch reduziert und kommen so gut wie gar nicht mehr vor. Es kann gut sein, dass Katzen das Laufrad sehen und sofort wissen, wie die ganze Sache funktioniert. Aber auch durch motivierende Worte, mit Spielzeugen oder mithilfe des Clickertrainings kann das Laufen eingeübt werden.

Auch mit Futterspielen kann man den Wohnraum attraktiver gestalten. Futterspiele gibt es mittlerweile in verschiedenen Arten, Formen und Schwierigkeitsgraden am Markt. Bedenken solltest du, dass das Futterspiel den Anforderungen der Katze angepasst werden sollte. Wenn du weißt, dass deine Katze gerne ihre Pfoten in schmalen Bereichen bewegt, um Spielzeug zu angeln, sind Futterspiele mit verschiedenen Becheraufsätzen eine gute Idee. Als Alternative dazu existieren auch Futterspiele, die nur zum Schnüffeln und durch das Erarbeiten mit der Nase zu lösen sind. Schnüffelteppiche und Schnüffelmatten gibt es eher im Hundebereich, sie werden aber auch von Katzen schnell verstanden und gelöst. Das Angebot von Intelligenzspielzeug für Hunde ist um einiges größer als das für Katzen, ein Blick in die Hundespielzeugabteilung lohnt sich. Futterspiele setze ich bewusst ein, um eigenständige Erfolgsmomente der Katze zu fördern. Ich unterscheide hier zwischen den aktiv gesetzten Futterspielen, die es nach einer gemeinsamen Aktivität oder nach einer unvermeidbaren stressigen Situation zur Entspannung gibt, und den passiven Futterspielen, die permanent verfügbar sind und regelmäßig aufgefüllt werden. Je nach Anzahl der Katzen in der Gruppe sollten genügend passive Futterspiele zur Verfügung stehen. Für meine Dreier-Katzengruppe habe ich aktuell fünf Spiele stehen.

Diese Futterspiele werden regelmäßig circa alle zwei bis vier Wochen ausgetauscht und/oder anders angeboten. Kleinere Futterspiele lassen sich gut in Kartons oder erhöht anbieten, sodass sie immer wieder attraktiv auf Katzen wirken. Apropos Karton: Futterspiele lassen sich ideal als Do-it-yourself-Projekt – auch mit Kindern – umsetzen. Da reichen leere Klopapierrollen, Eierkartons und ein Stück Karton vollkommen aus. Auch kann man Verpackungspapier zusammenknüllen und darin Leckerlis verstecken. Wer keine Bastelstunde oder Shoppingtour machen möchte, kann Futter einfach verstecken. Das funktioniert gleichermaßen mit Trockenfutter wie auch mit Nassfutter, das auf kleinen Tellerchen angeboten wird.

Erkundungsspiele

Katzen sind äußerst neugierige Tiere, die ihre Umwelt mit großem Eifer erkunden. Deshalb sind Erkundungsspiele ideal, um mental beschäftigt zu werden. Auch ältere Katzen schätzen das sehr. Bei deinem nächsten Spaziergang kannst du Naturmaterialien wie Steine, Stöcke oder Blätter mitnehmen und sie deiner Katze zu Hause in einer Box anbieten. Diese »Überraschungsbox« kann regelmäßig mit verschiedenen Inhalten angeboten werden, logischerweise sollten Katzen dabei mit ungiftigen Gegenständen konfrontiert werden. Damit die Box spannend bleibt, wird sie, sobald deine Katze kein aktives Interesse mehr zeigt, weggeräumt.

Eine etwas aufwendigere Art der Erkundungsbeschäftigung wäre das gemeinsame Gassigehen. Wenn deine Katze bereits ungesicherte*r Freigänger*in ist, lässt sich dies gut umsetzen. Aber auch viele Wohnungskatzen freuen sich über Abwechslung im Alltag und einen Tapetenwechsel – aber nur dann, wenn das Spazierengehen mit Katze positiv aufgebaut wird. Ein einfaches Geschirr kaufen, es der Katze anlegen und in den Bergen wandern gehen, ist eine denkbar schlechte Idee. Es muss eine Vorbereitungsphase vor dem

Spazierengehen stattfinden, um die Katze und uns selbst nicht zu überfordern. Die Katze sollte Signale, wie ein Rückrufsignal, ein Umorientierungssignal und ein Entspannungssignal, bereits kennengelernt und generalisiert haben. Die Suche nach dem passenden Geschirr kann sehr lange dauern. Ich rate dringend davon ab, einfache Geschirre, die keinen Bruststeg, sondern nur zwei Schlaufen (Hals und Bauch) haben, zu verwenden. Diese Geschirre sind nicht artgerecht und können bei Zug zu Schmerzen und daraus resultierend zu Meideverhalten führen. Dasselbe gilt für das Tragen eines einfachen Halsbandes – zudem sind beide Varianten nicht wirklich ausbruchssicher. Ein maßgeschneidertes Geschirr mit einem zusätzlichen Gurt, der an der Brust entlangläuft, und breiten Gurtbändern, die mit einem weichen Material wie Softshell oder Airmesh unterlegt sind, ist ideal. In der Gassi-Ausrüstung darf auch die richtige Leine nicht fehlen. Bei sogenannten Flexileinen besteht ein dauerhafter Zug am Geschirr der Katze, und bei unabsichtlichem Fallenlassen kann die Katze stark erschrecken. Eine dünne Schleppleine oder Hausleine, die zwischen zwei und fünf Meter lang ist, eignet sich perfekt. Doch bevor das erste Abenteuer der Katze bevorsteht, müssen das Geschirr und die Transportbox positiv aufgebaut werden. Katzen müssen sich an das Geschirr gewöhnen, also quasi daran, dass sie angezogen sind. Dieses Training funktioniert nicht innerhalb weniger Tage, sondern kann mehrere Wochen bis Monate andauern. Die Transportbox ist deshalb zu erwähnen, weil Katzen während des Gassigehens als Fluchttiere einen Rückzugsort haben sollten, wenn sie sich unsicher fühlen. Die Transportmöglichkeit muss dabei keine klassische Plastikbox sein, sondern kann auch ein Tierrucksack oder eine Tierumhängetasche sein. Wie beim Geschirr ist auch hier ein Vorbereitungstraining wichtig. Sinnvoll ist die Box auch, da Katzen das Gassigehen mit einem Signal, und zwar für das Einsteigen in die Box, verbinden können. So wird das Risiko minimiert, dass die Katze schließlich andauernd miauend vor der Wohnungstür sitzt, weil sie nach draußen möchte. Damit der Spaziergang wirklich positiv gestaltet wird, braucht es also viel Vortraining und eine mutige Katze.

Aktives Spielen mit der Katze

Die bekannteste Beschäftigungsform ist das aktive Spiel mit der Katze. Spiel hat kein anderes Ziel als das Spielen selbst und gemeinsam Spaß zu haben. Regeln gibt es nicht wirklich. Es sollte tatsächlich lustig und locker gestaltet werden, damit es auch wirklich stressreduzierend wirkt und den Lebensakku der Katze positiv auflädt. Die biologische Funktion von Spiel ist trotz Studien immer noch teils unbekannt, auch existiert keine einheitliche Definition, was das Spielen eigentlich ausmacht. Es existiert hingegen der Mythos, dass Katzen durch das gemeinsame Spielen den Beutefang erlernen. Dem ist nicht so, das Jagen und die dazugehörigen Bewegungsabläufe sind angeboren. Eine junge Katze, die keinen Sozialkontakt zu anderen Katzen oder Menschen, die spielen, hat, kann genauso gut jagen. Spielen wirkt emotional und sozial stabilisierend und hilft, den Bewegungsapparat, Muskeln, Sehnen und Gelenke zu stärken. Während des Spielens kommt es zu einer Ausschüttung der Glückshormone, es schafft so ein positives Umfeld. Spielzonen im Wohnraum zu integrieren hilft

dabei, »unsichtbare« Grenzen zu setzen und das Zusammenleben zu erleichtern. Nicht zu verwechseln ist das mit den Stimmungszonen, über die die Katze mitteilen kann, ob sie spielen möchte. Spielzonen sind Bereiche im Lebensraum der Katze, die für diese Aktivität benutzt werden, das kann das Wohnzimmer, der Balkon, der Vorraum oder auch eine Kombination mehrerer Räume sein. Das Schlafzimmer eignet sich nicht als Spielzone. Spielzonen vermitteln das Gefühl von Aktion und Spaß, im Schlafzimmer ist das ungern gesehen.

Neben den Spielzonen kann es auch Ruhezonen oder individuelle Zonen geben, die mit einer Aktivität, einer Erwartung und einer Stimmungslage verknüpft werden. Häufig existieren Konfliktzonen, die durch angepasstes Training positiv aufgewertet werden müssen.

Diese Spielzonen können durch verschiedene Katzenmöbel komplettiert werden, denn im Spiel mit der Katze sollte der Raum nicht zu »clean« wirken. Viele Versteckmöglichkeiten schaffen die Möglichkeit, dass sich Katzen gut in das gemeinsame Spielen einfinden. Wer weiß, vielleicht stellt sich die Katze ja vor, dass das Kissen, hinter dem sie sich versteckt, ein kleiner Strauch ist? Katzen jagen in freier Wildbahn nicht auf der Straße auf heißem Asphalt, sondern in Feldern oder Wäldern, wo es viele Lauermöglichkeiten gibt. Nicht gesehen zu werden, ist der Katze im Spiel sehr wichtig.

Jede Katze möchte spielen, das Bedürfnis nimmt im hohen Alter auch nicht ab, muss aber angepasst werden. Für ältere Katzen oder Katzen, für die das Spielerlebnis positiv aufgefrischt werden soll, ist hier das sogenannte Stocherspiel ideal. Dabei wird ein Gegenstand unter einer Decke bewegt und blitzt ab und zu hervor. Mittlerweile gibt es solche Spielmatten am Markt, für den Anfang genügt aber auch ein kleines Handtuch. Bei Kitten empfiehlt sich dieses Spiel nicht, zumindest nicht im Schlafbereich der Katzenbesitzer*innen. Schnell kommt es sonst bei jungen Katzen zu nächtlichen Bettdeckenattacken. Um das zu verhindern, sind Signale und klare Zonen hilfreich.

Grundsätzlich gibt es aber kaum Grenzen: Von Spielangeln bis hin zu Wurfbällchen oder Katzenminzekissen gibt es zahlreiche Katzenspielzeuge. Letzteres ist besonders beliebt. Katzenminze gibt es in verschiedenen Formen zu kaufen, als Spray, Kissen oder sogar in Form von Seifenblasen! Die Wirkung ist von Katze zu Katze unterschiedlich, meistens euphorisierend und zum Abschluss entspannend.

Katzenminze kannst du auch gezielt im Verhaltenstraining einsetzen: Katzenminze hilft dabei, bestimmte Zonen für deine Katze attraktiv zu gestalten. Sprühe ein wenig Katzenminze auf bisher nicht benutzte Kratzstellen. In Kombination mit regelmäßigen Spieleinheiten wirst du schnell bemerken, dass deine Katze diese Stelle dann öfters benutzt.

Katzenminzebällchen oder -kissen als Spieleinladung nehmen die meisten Katzen gerne an. Diese Energie kann direkt in ein gemeinsames Angelspiel umgeleitet werden. Auch als Abschluss einer Clickertrainingseinheit oder Spieleinheit kann die Minze angeboten werden.

Katzenminze kann nach stressigen Situationen wie z. B.

Umzug, Konflikt mit anderen Katzen oder dem Besuch in der Tiermedizinpraxis eingesetzt werden, um für eine positive Stimmung zu sorgen. Durch die entspannende Wirkung, die nach dem anregenden Effekt eintritt, wird der akute Stresspegel der Katze gesenkt.

ABER ACHTUNG: Im Mehrkatzenhaushalt kann es zu Spannungen kommen, wenn deine Katzen die Minze direkt nebeneinander bekommen. Achte auf einen großen Abstand und biete sie im besten Fall in getrennten Räumen an.

Beim gemeinsamen Spiel soll der Spaß im Vordergrund stehen. Ein paar **Spielregeln** gibt es aber doch:

Sicherheit

Spielen kann super aufregend und deshalb sehr schnell sein. Damit sich die Katze (und die Bezugsperson) beim Springen nicht verletzt, ist eine gelenkschonende Unterlage, also eine Trainingsmatte, von Vorteil. Auch unter Kratzbäumen oder hohen Absprungflächen sollte die Katze gut landen können. Kleine Puzzlematten in diesen Bereichen schaffen Abhilfe, insbesondere, wenn man bedenkt, dass sehr viele Katzen bereits an (undiagnostizierter) Arthrose leiden.

In diesem Zusammenhang möchte ich auch auf die Gefahren des Laserpointers aufmerksam machen. Katzen lassen sich auch ohne ein rotes Pünktchen für ein gemeinsames Spiel motivieren. Beim Spiel mit dem Laserpointer verfolgt die Katze ziellos und manchmal viel zu schnell (und dann steigt das Verletzungsrisiko der Katze) einen roten Punkt. Die Katze wird durch den gesamten Wohnraum gehetzt, ohne die Möglichkeit, eine Beute zu erlegen. Deshalb findet keine Serotoninausschüttung statt, aber der Adrenalin- und Cortisolspiegel der Katze werden erhöht. Das Spielen mit Laserpointer ist also nicht stressreduzierend, sondern verursacht Stress. Werden Kitten mit dem Laserpointer aufgezogen, dann kann es zur Entwicklung stereotyper Verhaltensweisen kommen. Diese Katzen beginnen dann, Lichtschatten oder Spiegelungen zu jagen oder werden durch Auftauchen von Lichtern stark gestresst.

Der Aufbau: Die Aktivitätskurve

Das Spiel soll langsam auf- und abgebaut werden, um Frustration zu vermeiden und maximalen Spielerfolg zu erreichen. Mit einer Spielangel würde das wie folgt aussehen:

- Die Spieleinheit wird mit Signal angekündigt, der Spielparcours (Tunnel, Kartons, Kissen) wird aufgebaut.
- Das Spielzeug wird in einem langsamen Tempo zwischen den Verstecken hin und her bewegt.
- Je intensiver die Katze beobachtet, umso schneller bewegst du das Spielzeug.
- Wenn die Katze kein Interesse zeigt oder das Spielzeug bereits gefangen hat, bewegst du das Spielzeug wieder in langsamem Tempo, allerdings frei im Raum.
- Die Spieleinheit wird mit Signal beendet und anschließend wird zur zusätzlichen Entspannung der Katze ein Futterspiel angeboten.

Diese Einheit dauert nicht länger als fünfzehn Minuten. Katzen sind zwar ausdauernde Jäger*innen, allerdings machen sie zwischen den einzelnen Jagdmomenten Pausen. Auch muss sich das Spiel für die Katze lohnen, passiert einige Minuten nichts Hör- oder Sichtbares, verliert die Katze das Interesse. Oft wird das Spiel dann zu früh abgebrochen oder

die Katze mit dem Wort »faul« gelabelt. Dabei ist Spielverhalten vor allem durch Beobachten charakterisiert. Beobachten ist für die Katze Spielen, vor allem adulte Katzen beobachten in der Regel intensiver als Katzenjungen.

Denk wie die Beute, nicht wie das Raubtier

Der häufigste Fehler, der im Spiel passiert, ist, dass das Spielzeug zum Raubtier bewegt wird. In der Natur passiert das aber nicht. Keine Maus würde je auf die Idee kommen, freiwillig in die Pfoten der Katze zu laufen, um dann zerkaut zu werden. Daher sollte sich das Spielzeug nie direkt zur Katze hinbewegen, sondern eher von ihr weg. Vor allem sollte das Spielzeug nie Richtung Kopf der Katze bewegt werden oder gar ihn berühren.

Beim Spielen dürfen keine negativen Gefühle im Vordergrund stehen. Wenn die Katze faucht, ist das ein Anzeichen, dass es für die Katze kein Spiel, sondern ernst ist.

Als Spielpartner*in ist man in diesem Setting immer die Beute. Am besten wird das Verhalten von Mäusen imitiert. Mäuse bewegen sich gerne an Wänden oder auf Wegen, an denen sie leichten Widerstand spüren. Sie bewegen sich nur dann in den freien Raum, wenn sie sich sehr sicher sind, dass es für sie ungefährlich ist. Wittern sie Gefahr während des Überquerens des Weges, halten sie inne, stellen sich auf die Hinterbeine und laufen entweder weiter oder den gesamten Weg zurück. Auch schlüpfen Mäuse gerne in ihr Nest im Untergrund zurück. Ein Spiel sollte also verschiedene Elemente beinhalten, wie freies Spiel im Raum, Spiel entlang von Gegenständen und ein Stocherspiel.

Zu langsame Bewegungen können Katzen nicht (gut) wahrnehmen, auch durchgehende sehr schnelle Bewegungen sind während des Spielens fehl am Platze, da sie die Katze verunsichern können. Am besten, du bewegst das Spielzeug in einem mittleren Tempo und vollführst immer wieder ruckartige und plötzliche Bewegungen während der Spieleinheit.

Katzen reagieren besonders auf kleine Objekte. Spielangeln sollten daher einfach gestaltet sein. Mehrere Spielzeuge an einer einzelnen Schnur machen keinen Sinn. Das Spiel muss aus Katzensicht logisch sein, damit es bei ihr maximal erfolgreich ist.

Fairness

Das Spiel muss gerecht sein, das gilt auch dir gegenüber. Hände sind im Spiel ein Tabu und sollten nicht eingesetzt werden. Bei Kitten ist das Spiel mit Händen bei vielen Katzenbesitzer*innen Programm, da es »süß« wirkt. Die Vorstellung hingegen, dass eine sieben Kilogramm schwere Katze mit voller Wucht gegen deine Hand schlägt, ist nicht so süß. Während der Spieleinheiten sollte die Katze die Möglichkeit haben, das Spielzeug tatsächlich fangen zu können. Zusätzlich darf die Katze das Spielzeug behalten, es sollte ihr nicht sofort weggenommen werden. Zur Fairness zählt auch, die individuellen Vorlieben der Katze zu beachten. Nur wenn das Spiel fair gestaltet wird, hat es einen beziehungsverstärkenden Effekt.

Tipp für Tierschutzkatzen:
Das Spielen mit Katzen aus dem Tierschutz kann das Eis brechen und positive Erfahrungen im neuen Zuhause schaffen. Besonders eignen sich hier lange Angeln, denn sie sorgen für eine vertrauensbildende Distanz zwischen Mensch und Katze und fördern ein erstes Kennenlernen.

Training mit Katzen

Katzentraining klingt für viele erst einmal kompliziert oder gar unmöglich. Doch mit der richtigen Motivation und Anleitung lernt jede Katze das eine oder andere Kunststück oder wichtige Fähigkeiten für den Alltag.

Ein Markersignal ist ein konditioniertes Signal. Es teilt der Katze mit, dass das gezeigte Verhalten gefällt und sie dafür eine individuelle Belohnung bekommt. Dieses Signal muss vorab konditioniert werden, indem das gewählte Wort wie zum Beispiel »Top« mit Futter, Spielzeug oder etwas anderem Angenehmem verknüpft wird.

Beim Markertraining wird die Katze auf einen sogenannten Marker konditioniert. Dieser Marker kann ein kurzes Wort, ein selbst erzeugtes Geräusch (z. B. Schnalzen) oder ein klassischer Click sein. Clickertraining ist daher nur eine Form des Markertrainings. Der konditionierte Marker gibt der Katze eine sehr wichtige Information: »Das, was du gerade machst, ist supertoll, deine Belohnung kommt gleich.« Das Training basiert auf positiver Verstärkung, das bedeutet, dass erwünschte Verhaltensweisen, die wir in Zukunft öfter sehen möchten, belohnt werden. Dadurch können viele wichtige Übungen und Verhaltensweisen, die das Leben der Besitzer*innen vereinfachen, positiv besetzt und trainiert werden.

Dafür ist das Markertraining gut

Das Markertraining ist die ideale Beschäftigungsmaßnahme, um Katzen sowohl geistig als auch körperlich auszulasten. Viele Hauskatzen leben in Wohnungshaltung – da ist Abwechslung wichtig, um der oft gegebenen Langeweile entgegenzuwirken, die positiven Erlebnisse im Leben der Katze zu fördern und die Lebensqualität zu steigern. Viele Katzen zeigen aufmerksamkeitsforderndes Verhalten, da die Beschäftigung mit Dingen wie der Spielangel oft nicht ausreichend ist und sie auch mental gefordert werden möchten. Im Training lernen gerade ängstliche und unsichere Katzen, dass das Zusammenleben mit dem Menschen und anderen Tieren positiv sein kann. Clickertraining ist angstlösend und hat eine stressreduzierende Wirkung auf das Leben der Katze. Es kann bei richtiger Anwendung (z. B. Click für Blick) auch Spannungen im Mehrkatzenhaushalt lösen und die Beziehungen untereinander stärken.

Ein positiver Nebeneffekt des Markertrainings ist, dass sich Katzen durch das Training im Alltag bei Problemen bewusst an ihren Bezugspersonen orientieren.

Das Markertraining ist für die Erziehung sowie Alltagsübungen praktisch. Wir kommunizieren durch das gemeinsame Training positiv mit unseren Katzen und können ihnen zeigen, welches Verhalten wir besonders großartig finden. Und Verhalten, das die Katze als lohnend erachtet, wird in Zukunft natürlich öfter gezeigt. Mithilfe des Markertrainings können gezielt Bewältigungsstrategien und verschiedene Alternativverhalten eingeübt werden, die der Katze helfen, in stressigen Situationen einen kühlen Kopf zu bewahren. Freiwillig in die Transportbox zu steigen, simulierte Blutabnahmen zu tolerieren oder einfach ruhig auf einer Matte zu warten, während das Futter vorbereitet wird, all das ist nur ein kleiner Teil der möglichen Übungen.

Es bereichert das Katzenleben sehr und ist zudem bei vielen Verhaltensproblemen ein zentraler Punkt bei der Lösungsfindung.

Die Grundkonditionierung in der Theorie

Bevor das eigentliche Training, also das Einüben von Kunststücken, startet, muss die Katze erst auf einen sogenannten Marker konditioniert werden. Positives Training funktioniert auch ohne Marker, aber er ist ein ideales Trainingswerkzeug, das der Katze sehr präzise und vor allem sekundengenau mitteilt, welche Bewegung zum Erfolg führt. So können Kommunikationsprobleme im Training und später im Alltag vermieden werden. Auch taube oder blinde Katzen können trainiert werden, hier ist ein eindeutiges Licht- bzw. Klopfsignal als Markersignal möglich.

Immer gilt: Der Marker muss eindeutig, kurz und prägnant sein und sollte vor dem Training für die Katze neutral sein. Durch die klassische Konditionierung wird aus diesem neutralen Reiz ein konditionierter Reiz, der im positiven Training mit etwas Freudigem verknüpft wird.

Die Katze lernt also, dass das Markersignal, etwa ein Click, bedeutet, dass eine individuelle Belohnung folgt.

Ganz wichtig dabei: Der Marker ist kein Rückrufsignal. Die Katze soll nicht lernen, dass das konditionierte Markergeräusch bedeutet, zu einer bestimmten Person zu laufen. Dieses Signal markiert – daher kommt auch der Oberbegriff »Marker« – vielmehr ein Verhalten und sagt der Katze: »Das, was du gerade machst, ist gut, deine Belohnung kommt gleich.« Nach dem Markergeräusch muss also immer eine positive Konsequenz beziehungsweise ein sogenannter positiver Verstärker folgen. Ob die Konsequenz positiv ist, ist einerseits vom Gemütszustand der Katze, andererseits auch vom Verstärker selbst abhängig. Die meisten Katzen finden Streicheln zwar im Alltag angenehm, im aktiven Tricktraining wollen sie aber trainieren und nicht gekuschelt werden. Daher empfehle ich immer, eher zu einer gesunden Futterbelohnung zu greifen, die dann eben von der täglichen Futterration abgezogen wird.

Es ist sinnvoll, nicht nur einen, sondern zwei Marker aufzubauen. Ein Signal wird im aktiven Training, also für das Einüben von Alternativverhalten, Medizintraining und Tricktraining, genutzt. Das andere Markersignal wird universell als Alltagsmarker eingesetzt und somit auch mit verschiedenen

Verstärkern konditioniert. Das bedeutet, dass dieser Marker nicht nur mit Futterbelohnung, sondern auch mit netter Ansprache, Spiel oder Streicheln verknüpft wird. Das ist sinnvoll, da du hier nicht immer mit einer vollen Futtertasche durch deine Wohnung laufen musst, um das Verhalten deiner Katze zu belohnen.

Die Grundkonditionierung in der Praxis

Das erste Training mit deiner Katze solltest du vorab gut planen, damit du viele positive Momente einfangen kannst. In den ersten Trainings startet die Grundkonditionierung, bei der die Katze lernt, dass das Markersignal eine Bedeutung für sie hat. Nämlich, dass die von ihr gezeigte Bewegung top war und nun gleich eine positive Konsequenz folgt. Daher ist es erst mal auch egal, was genau die Katze eigentlich macht. Die Katze kann sitzen, stehen oder liegen.

Es macht keinen Sinn, kurz vor oder nach einer Fütterung mit dem Training zu beginnen. Wähle lieber ein Zeitfenster, in dem deine Katze eine aktive Phase hat. Dafür ist es hilfreich, die Katze vorab zu beobachten. Das hat noch einen weiteren Vorteil: So kennst du schon die Fähigkeiten deiner Katze und kannst die ersten Übungen passend auswählen.

Wenn deine Katze zum Beispiel viel pfötelt und bei Fummelbrettern ihre Pfoten sehr geschickt einsetzt, dann wären Pfotentricks, wie »High Five« oder das Läuten einer Rezeptionsglocke, ideal. Für Katzen, die eher ihre Nase einsetzen, neue Gegenstände intensiv beschnüffeln oder aus dem Tierschutz kommen, ist das sogenannte »Nasentarget« (die Katze berührt einen Gegenstand zunächst mit der Nase) als

Einstiegstrick perfekt gewählt. So kann selbst mit einer gewissen räumlichen Distanz zur Katze positiv trainiert werden.

Kurz vor dem ersten Training zählst du dir 5–15 Leckerlis ab und bewahrst sie in einer Trainingstasche auf. Ich rate stark davon ab, die Leckerchen einzeln aus der Verpackung zu nehmen, da das permanente Rascheln das Erregungslevel der Katze erhöht. Das kann zu Stress und Frustration führen oder auch dazu, dass die Katzen viel zu fixiert auf die Leckerlis ist.

Benötigt wird zudem das Trainingswerkzeug, etwa ein Clicker, der gut in der Hand liegt. Für Trainingsneulinge ist es besser, erst mal mit einem Clicker und nicht mit einem Markerwort zu starten, da der Ablauf – ich gebe das Clicksignal, drücke den Clickknopf und gebe direkt danach ein Leckerli – so besser und schneller verinnerlicht wird.

Es empfiehlt sich außerdem, eine kleine Decke – oder, wie man im Fachjargon sagt, ein »Platztarget« – zu besorgen, auf der die Übungen ausgeführt werden. Es wichtig, dass dieses Target einen angenehmen Untergrund für die Katze bildet. Sehr dunkle Farben können Katzen schlecht einschätzen, sie werden es vermutlich vermeiden, sich einem solchen Target zu nähern. Es sollte also weich, rutschfest und hell sein. Für das erste Training reicht auch ein kleines Handtuch oder eine kleine Schachtel.

Führe die Katze mit einem Snack zu dem Platztarget. Ich arbeite auch deshalb anfangs gerne mit Platztargets, da die meisten Katze sich schon fast automatisch daraufsetzen.

Dann setzt du dich auf den Boden zu deiner Katze, sodass ihr auf der gleichen Ebene seid, und gibst dein Startsignal. Das ist wichtig, denn stehend wirken wir auf Katzen

wie Riesen. Außerdem kannst du in einer sitzenden Position die Bewegungen deiner Katze besser erkennen und somit genauer trainieren.

Der Ablauf ist folgender: Click, und es kommt sofort ein Leckerli aus deiner Trainingstasche, Click und Leckerli, Click und Leckerli. Der Clicker wird hierzu auch nicht direkt neben dem Kopf der Katze platziert, sondern bleibt einfach bei dir am Körper. Das Ende der Trainingseinheit signalisierst du mit dem dafür gewählten Signal und bietest anschließend eine zusätzliche entspannende Aktivität, wie eine Futtersuche mit maximal zehn Leckerchen.

Wichtig ist, dass zuerst der Click und dann das Leckerli kommt. Der Click kündigt nämlich die Belohnung an und nicht umgekehrt. Kommt zuerst das Leckerchen und dann der Click oder der Click und das Leckerchen zeitgleich, können Katzen nicht die gewünschte Verknüpfung herstellen.

Katzen haben ein kurzes Zeitfenster, innerhalb dessen sie zwei Reize miteinander verknüpfen können. Du hast daher auch nur ca. eine Sekunde nach deinem Markersignal Zeit, deine Katze zu belohnen. Die Konditionierung selbst ist innerhalb von wenigen Einheiten abgeschlossen, da Katzen auf positive Reize sehr rasch konditioniert werden.

Dazu kannst du auch einen Test durchführen: Du markerst in einem Moment, in dem deine Katze nicht in deine Richtung schaut. Wenn sie sich dann blitzschnell umdreht, da sie eine positive Konsequenz erwartet, hast du sie erfolgreich konditioniert.

Dieses Training machst du regelmäßig mindestens zwei bis drei Mal die Woche. Die einzelne Trainingssession darf am Anfang nie länger als zwei bis fünf Minuten dauern, daher ist das Abzählen der Leckerlis sinnvoll. Allgemein sollte auch das Training mit einer fortgeschrittenen Katze nicht länger als fünf bis sieben Minuten dauern, da sonst die Gefahr der Überforderung und damit eines unkonzentrierten und unkonstruktiven Trainings zu hoch ist. Außerdem lernen Katzen in kurzen, knackigen Trainingssessions viel besser als in langwierigen Übungseinheiten.

Training im Mehrkatzenhaushalt

Das Training mit mehreren Katzen kann auf den ersten Blick sehr herausfordernd sein. Es ist besonders wichtig, sich vorab über die Struktur jeder einzelnen Trainingseinheit Gedanken zu machen. Die Katzen müssen nicht jeweils auf verschiedene Markersignale konditioniert werden, viel wichtiger ist, dass sie verstehen, wann genau sie dran sind.

Ein kurzes Gedankenspiel:

Du möchtest mit deinen beiden Katzen Emma und Loki trainieren. Damit das nicht im Durcheinander endet, gibt es eine »aktive« und eine »passive« Katze. Du kannst dich somit voll auf die aktive Katze konzentrieren, während die passive Katze die Aufgabe bekommt, zu warten. Zuerst möchtest du aktiv mit Loki üben, deshalb erhält Emma die Aufgabe, zu warten. Dazu markerst du sie fürs Warten und lobst sie mit einem Leckerchen. Dabei erfüllt auch sie ihre Aufgabe, wird positiv verstärkt, und so kann ihre Vorfreude auf das aktive Training steigen.

Loki kommt währenddessen der aktiver Trainingspart zu. Das zeigst du ihm, indem du ihn ansprichst und dich mit deinem ganzen Körper zu ihm orientierst. Je nach Trainingsstand kannst du nun mit ihm mehrere Übungen hintereinander einüben. Der Fokus liegt für eine gewisse Zeitspanne – etwa 30 Sekunden oder etwa 10 Leckerli – auf ihm. Wenn du mit dem Training mit Loki fertig bist, darf er den passiven Part bilden. Er wird nun für das Warten belohnt, und Emma darf das aktive Training ausführen. In einer Trainingseinheit sollten nicht mehr als drei Wechsel stattfinden. Wie du das Warten eintrainierst, kannst du im Kapitel »Training: So klappt's« nachlesen.

Gruppentraining kann in den ersten Einheiten chaotisch und überfordernd auf Katzenbesitzer*innen wirken. Durch konsequentes und positives Dranbleiben lernen die Katzen und Menschen jedoch innerhalb weniger Trainingseinheiten den Ablauf dieses Trainings. Sollte es zu Problemen im Training kommen, gilt es, positiv zu bleiben und durch Videoanalysen oder professionelle Unterstützung beim Training die auslösenden Faktoren herauszufinden.

Einüben von Verhaltensweisen

Die Zielsetzung im Training ist alles. Nur so kannst du einen konkreten Trainingsplan erstellen und die einzelnen Trainingsschritte planen. Denk immer daran: Nur du hast deine Ziele im Kopf, deiner Katze musst du dein Ziel erst durch gemeinsames Training näherbringen.

Das Markertraining zeichnet sich durch ein faires, gewaltfreies und bedürfnisorientiertes Miteinander aus. Hier sind fünf Tipps für ein erfolgreiches Training:

1. Plane deine Trainings vorab und bereite alle Requisiten vor der Trainingseinheit vor. Das spart Zeit und Stress und macht die Trainingszeit wertvoller.

2. Katzen lernen in einer sicheren und anfangs reizarmen Umgebung am besten. Dein Training sollte in einem ruhigen Setting erfolgen, damit sich deine Katze und du voll und ganz auf das Training konzentrieren könnt.

3. Arbeite in Mini-Schritten. Überforderung führt zu negativen Emotionen und Frust. Mit durchdachten kleinen Schritten erreichst du den maximalen Trainingserfolg.

4. Kurze, geplante Trainingseinheiten sind sinnvoller als langwierige Einheiten. Trainiere höchstens zwei Minuten am Stück mit deiner Katze.

5. Abwechslung macht das Training spannend. Am besten, du trainierst maximal zwei neue Tricks auf einmal und integrierst bereits erlernte Übungen zur Auflockerung.

Es sollte deutlich geworden sein, wie wichtig körperliche und mentale Beschäftigung für die Verbesserung der Beziehung, die Erziehung und das allgemeine Wohlbefinden der Katze ist. Neben dem Beschäftigungsmanagement sind jedoch auch ausreichende Pausen und Ruhephasen bedeutend. Katzen, die keine Möglichkeit haben, abzuschalten, und durchgehend Action erwarten »müssen«, sind genauso gestresst wie Katzen, die gar keine Beschäftigung haben. Da hilft es, Grenzen zu setzen, die auch für uns Menschen gut sind, wie erhöhte Ruhezonen im Wohn-

raum, gesetzte Zeitfenster, in denen auch in Anwesenheit der Besitzer*innen wenig passiert, oder auch Freizeittage für die Katze.

Training: So klappt's

In diesem Kapitel möchte ich weitere Übungen und Herangehensweisen erklären, die ich für ein harmonisches Zusammenleben von Mensch und Katze(n) wichtig finde. Denn Trainingsübungen schaffen Erwartungssicherheit, fördern das Bindungsverhalten und eröffnen eine Alternative zu unerwünschten Verhaltensweisen.

Jede Übung besteht aus mehreren kleinen Verhaltensweisen. Vorstellen kann man sich Verhalten wie ein Haus aus Bausteinen. Jeder einzelne Baustein ist für das Endverhalten wichtig. Je mehr Bausteine fehlen, umso instabiler ist das Haus. Daher ist ein kleinschrittiges und geplantes Training wichtig, um Verhalten zu festigen. Dabei gibt es verschiedene Wege, bestimmte Übungen einzutrainieren. Dazu gibt es verschiedene Trainingsmethoden, die nicht klar abgrenzbar sind und ineinander übergehen. Im aktiven Training werden Übungen also nicht ausschließlich mittels Methode X oder Y eingeübt, sondern es wird regelmäßig zwischen verschiedenen Methoden gewechselt, je nach Trainingsstand der Katze. Zudem ist nicht jede Methode für jeden Trick geeignet.

Trainingssysteme

Es gibt folgende Trainingsmethoden, die Katzenbesitzer*innen einsetzen können:

Locken – Luring

Beim Locken wird die Katze mithilfe eines Lockreizes in das gewünschte Verhalten gelenkt. Der Lockreiz kann ein Spielzeug, Futter oder auch eine einladende Bewegung sein. Das Gelocktwerden selbst ist auch ein Verhalten, das gelernt werden muss, um es aktiv im Training einsetzen zu können. Dabei gibt es zwei Varianten, bei ersterer wird der Lockreiz als Ankerpunkt, also statisch, angewendet. Wenn der oder die Trainer*in möchte, dass sich die Katze von A nach B bewegt, wird der Lockreiz mehrmals in derselben Richtung angeboten. Die Katze geht also aktiv zu dem Lockreiz, der sich aber nicht wegbewegt. Die zweite Variante ist den meisten Katzenbesitzer*innen, die bereits mit ihren Katzen trainieren, bekannt. Dabei wird das Futter immer vor der Katzennase weggezogen. Ich persönlich ziehe die erste Variante vor, da bei der Übung weniger Frust und mehr Bewusstsein im Vordergrund steht. Mithilfe des Lockens kann im Alltagstraining zum Beispiel das Vorausschicken auf eine Decke oder im Tricktraining eine Übung wie das Sich-um-die-eigene-Achse-Drehen geübt werden.

ABER ACHTUNG: Katzen dürfen nicht durch eine ängstliche Situation gelockt werden. Futter darf und soll auch dann angeboten werden, aber so, dass die Katze das Anti-Angst-Verhalten auch bewusst ausführt und nicht blind dem Leckerchen nachläuft. Das sollte insbesondere beim Transportboxtraining bedacht werden.

Targettraining – Targeting

Das Targettraining ähnelt dem Locken. Ein Verhalten wird durch ein bereits eintrainiertes Target gelernt. Das Wort »Target« kommt aus dem Englischen und heißt übersetzt nichts anderes als »Ziel«. Dieses Ziel ist für uns im Training ein von uns ausgewählter, für Katzen ungefährlicher Gegenstand, den die Katze mit einem bestimmten Körperteil berühren soll. »Target« ist also ein Oberbegriff für Zielobjekte. Es gibt daher verschiedene Arten von Targets wie zum Beispiel Platztargets, Nasentargets, Pfotentargets oder Kinntargets. Das Targettraining ist gerade für neue Trickteams als Einstiegsübung nahezu perfekt, da innerhalb weniger Momente viele positive Erlebnisse gesammelt werden können. Allgemein gilt das Targettraining in vielen Bereichen des professionellen Trainings als Grundlage. Vor allem im tiermedizinischen Training sind Targets ein wichtiger Bestandteil.

Formen – Shaping

Das Formen zeichnet sich dadurch aus, dass ein Verhalten in Mini-Schritte unterteilt wird. Schritt für Schritt wird ein bestimmtes Verhalten eintrainiert. Je nach Trainingssituation können weitere Hilfsmittel, wie zum Beispiel Targets, zum Einsatz kommen. Vorstellen kann man sich dieses Vorgehen wie eine Leiter: Jede Sprosse ist ein Trainingsschritt, der in den Trainingseinheiten eintrainiert wird. Das Einfangen eines Verhaltens ist immer der erste Schritt des Formens.

Einfangen – Capturing

Diese Methode wird im Verhaltenstraining verstärkt eingesetzt. Dabei wird natürliches Verhalten wie ein Schnappschuss »eingefangen« und belohnt. Gerade im Alltag macht daher ein Alltagsmarker wie das »Top«-Signal Sinn. Katzen, vor allem unsichere Katzen, lernen dadurch intensiv, dass sie ihr Verhalten kontrolliert und bewusst einsetzen und sich dadurch einen Marker und eine Belohnung erarbeiten können.

Diese Techniken ähneln sich wie erwähnt in manchen Aspekten und gehen daher im aktiven Training auch ineinander über.

Gemeinsame Signale setzen

Damit wir Verhalten gezielt im Alltag oder während des aktiven Trainings abrufen können, muss es unter Signalkontrolle gestellt werden. Dadurch zeigt eine Katze das Verhalten dann, wenn ich ihr zuvor ein Signal gebe. Dieses Signal wird einmalig vor dem gewünschten Verhalten gegeben.

Wir sprechen im bedürfnisgerechten und positiven Training von Signalen und nicht von Kommandos oder Befehlen. Signale setzen Freiwilligkeit voraus, Kommandos und Befehle haben hingegen eine scharfe und strenge Konnotation.

Signale können akustisch, visuell, olfaktorisch (z. B. Entspannungssignale) oder taktil gegeben werden. Wobei Letzteres eher selten benutzt wird, da die Selbstbestimmtheit im positiven Training im Fokus steht. Die Signale müssen klar und immer gegeben werden, um Frust zu vermeiden. Klar bedeutet nicht, dass Besitzer*innen laut sein müssen, es bedeutet konsequent und motiviert. Auch darf das Signal im Aufbau nicht mehrmals hintereinander gegeben werden, da sonst das mehrmalige Aufsagen oder Zeigen des Signals das eigentliche Signal darstellt. Dann kann es unter Umständen auf Unverständnis bei Besitzer*innen stoßen, wenn die Katze das Verhalten nicht ausführt. Signale selbst können und sollen positive Gefühle auslösen, das ist besonders bei Spannungen im Mehrkatzenhaushalt (siehe Kapitel »Click für Blick«) wichtig.

Perfekte Trainingseinheiten sind nur eine Illusion und existieren in der Realität nicht. Es passiert allen Trainer*innen im Laufe der Zeit, dass sich »Fehler« einschleichen und die Katze das erwünschte Verhalten nicht sauber oder »falsch« ausführt. Fehler deshalb in Anführungszeichen, da Fehler nur in unseren Köpfen existieren. Tiertrainerin und Tiermedizinerin Katja Frey sagt dazu passend: »Fehler sind nur Informationen.« Und das sind sie auch. Fehler geben uns eine Rückmeldung zu unserem Training. Wenn Fehler auftreten, ist es wichtig, dass wir diese Information wahrnehmen und im nächsten Schritt durch angepasstes Training versuchen, zu erreichen, dass sie nicht mehr vorkommen. Wenn dir während deines nächsten Trainings ein Fehler auffällt, solltest du ruhig bleiben. Du kannst das Verhalten mit mehr Hilfestellung, wie zum Beispiel einem Target oder mehreren Zwischenschritten, nochmals abfragen. Wird das Verhalten erneut auf unerwünschte Weise ausgeführt, sollte eine Auflockerungsübung eingeschoben werden, um die Stimmung der Katze positiv zu halten. Auflockerungsübungen sind Übungen, die die Katze

bereits kennt, die sie besonders gerne zeigt und die eine starke Verstärkerhistorie haben (siehe Kapitel »Die Grundlagen der Katzenerziehung«). Um die Katze nicht nur mental, sondern auch muskulär zu lockern, damit erneutes positives Training möglich wird, können auch Bewegungsübungen wie das Sich-um-die-eigene-Achse-Drehen abgefragt werden. Der größte Fehler, der dir passieren kann, ist, das Verhalten wieder und wieder und wieder abzufragen. Dadurch wird das neu eintrainierte Verhalten negativ aufgeladen, der Frust der Katze steigt und ein positives Training ist nicht mehr möglich.

Training ganz konkret

Um mit der Katze erfolgreich trainieren zu können, sind spezielle Trainingstools sinnvoll. Vor allem werden Futtertaschen unterschätzt. Das Training mit Futtertasche sorgt nicht nur für mehr Konzentration im Training, sondern ist auch eine eindeutige Mitteilung an die Katze: Du hörst dein Markerwort und dann kommt die Belohnung. Viele Katzen lernen hingegen, dass das Markerwort bedeutet, dass bereits in der Hand gehaltenes und sichtbares Futter gegeben wird. Das kann die Signalwirkung des Markerworts senken und sich auch im aktiven Training, wie etwa bei Umorientierungssignalen, als schwierig erweisen.

Eine kleine Erinnerung zum Abschluss: Training braucht Zeit und beruht auf Freiwilligkeit. Die Katze sollte während des aktiven Trainings nicht angefasst werden, es sei denn, sie zeigt selbstständig dieses Verhalten aufgrund einer Übung (wie z. B. Pfote geben) oder es werden Berührungen im aktiven Medizintraining (Medical Training) eintrainiert.

Das Motto »slow process is still process« sollte sich jede*r Katzenbesitzer*in in der Erziehung und im Leben mit der Katze zu Herzen nehmen.

Ankündigungssignale einüben

Ankündigung: »Achtung«

Mit diesem Signal lernt die Katze, dass wir sie vor etwas warnen möchten. Es wird also immer vor einer bestimmten Situation gesagt, damit sich die Katze auf eine womöglich ungewohnte oder sogar unangenehme Situation vorbereiten kann. Ich setze dieses Signal sehr gerne im Mehrtierhaushalt ein, um Konflikte aufgrund von akuter Angst und Erschrecken zu vermeiden.

Ein Beispiel zur Verdeutlichung:

Mein Kater Freddie schläft gerne hinter Türen und kühlt sich seine Pfötchen ab, indem er sie gegen die Tür presst. Um ihn nicht zu erschrecken oder unabsichtlich wegzustoßen, wenn ich die Tür weiter öffne, sage ich das Wort »Achtung«. Auch verwende ich dieses Wort, kurz bevor ich den Staubsauger, die Kaffeemühle oder die Sprudelwassermaschine verwende.

Ankündigung/Alltagsmarker: »Top«

Dieses Signal wurde bereits im Kapitel »Die Grundlagen der Katzenerziehung« beschrieben. Die Katze lernt, das »Top«-Signal mit etwas Positivem zu verbinden. Die positive Konsequenz sollte im Alltag an die aktuelle Stimmung der Katze und die zur Verfügung stehenden Möglichkeiten angepasst werden. Dieses Signal gebe ich mehrmals im Alltag, um der

Katze zu zeigen, welches Verhalten öfter zu zeigen sich lohnt.

Ankündigung: »Streicheln« und »Hochheben«

Plötzliche Berührungen können gruselig sein, gerade dann, wenn man sie nicht kommen sieht. Um zu vermeiden, dass die Katze taktile Reize unangenehm findet, da sie sie nicht kommen sieht, sollte vorab ein Signal gegeben werden. Das ist vor allem bei tiermedizinischen Kontrollen von großem Vorteil, da Ankündigungen Sicherheit vermitteln.

Ankündigung/Entspannungssignal: »Alles easy«

Entspannungssignale wie dieses einzutrainieren ist recht einfach, da keine Hilfsmittel benötigt werden. Sie können aber nur eintrainiert werden, wenn die Katze bereits entspannt ist. Ziel bei einem gut konditionierten Entspannungssignal ist, dass die Katze sich automatisch und binnen Kurzem entspannt. Dadurch sinkt ihr Erregungslevel, die akute Ausschüttung von Stresshormonen wird minimiert und die Katzen wenden sich meistens zur Bezugsperson hin. Das hilft Katzenbesitzer*innen, anschließend Managementmaßnahmen zu ergreifen und die Stimmung der Katze zu heben. Entspannungssignale wirken sowohl bewusst als auch unbewusst. Das Training gestaltet sich so, dass du ein Entspannungswort wie zum Beispiel ein langgezogenes »A-a-a-a-lles e-e-a-a-sy« während einer entspannten Situation sagst. Deine Katze ruht gerade bei dir, du streichelst sie bewusst und gibst genau zu diesem Zeitpunkt einmalig dein Entspannungssignal. Was dieses Signal nicht kann, ist, aus einer aggressiven Katze eine Kuschelkatze zu zaubern.

ÜBUNG: **Umorientierungssignal/Aufmerksamkeitssignal**
ZIEL: Die Katze lernt, sich bewusst von einem Reiz auf den Menschen umzuorientieren.
DAUER: 2–4 Wochen, wenn 3–5-mal in der Woche trainiert wird
SCHWIERIGKEIT: abhängig von der Situation

Das Umorientierungssignal ähnelt einem Rückruf deiner Katze, mit dem Unterschied, dass du es bewusster einsetzt und im Vorfeld eine positive Verknüpfung etabliert hast, um ihr Verhalten gezielt zu lenken und zu verändern und Konflikte zu vermeiden. Mein Umorientierungssignal ist ein freudig und motiviert ausgesprochenes »H-e-e-e-y, d-u-u-u!«. Dieses Signal hilft dabei, in jeder Situation die Aufmerksamkeit der Katze für kurze Zeit zu erhalten. Aufmerksamkeit bedeutet nicht, dass sie sich sofort umdreht und »brav« vor der*m Besitzer*in steht. Es bedeutet, dass sich die Katze zu dir orientieren kann, das kann schon ein einfaches Ohrdrehen oder ein minimales Kopfdrehen sein. Hier musst du besonders genau aufpassen denn gerade in Situationen, in denen die Katze gestresst ist, kann sie ihre Aufmerksamkeit sehr subtil zeigen.

In Kombination mit weiteren Tricks wie zum Beispiel dem Folgen deiner Hand (Nasentarget), Sitzen oder anderen für die Katze leichten Übungen kann die Situation aufgelockert und die Stimmung nachhaltig verändert werden.

Schritt 1:

Deine Katze befindet bereits aufmerksam vor dir. Du gibst dein Signal wie zum Beispiel »Hey, du« und bietest anschließend eine positive Konsequenz für die nächsten zwei bis fünf Sekunden an. Da deine Katze bereits in positiver Erwartung vor dir sitzt, solltest du nicht zusätzlich markern, denn sonst kündigt das Umorientierungssignal den Marker an, der wiederum die Belohnung ankündigt. Hier wäre der Marker eine zusätzliche Überbrückung, die nicht benötigt wird. Eine Belohnung muss in jedem Fall folgen. Diesen Ablauf wiederholst du maximal fünf Mal hintereinander in maximal zwei Trainingseinheiten am Tag.

Schritt 2:

Wie der erste spielt auch dieser Schritt eine große Rolle für den Einsatz und den Erfolg des Umorientierungssignals. Im zweiten Schritt wird das Signal gegeben, wenn die Katze nicht direkt aufmerksam ist. Die Katze befindet sich zum Beispiel im selben Raum, beachtet dich nicht und beschäftigt sich auch nicht selbst. Wenn das Signal gegeben wird, und die Katze daraufhin ihre Aufmerksamkeit auf den oder die Besitzer*in lenkt, wird gemarkert und anschließend eine Belohnung gegeben. Bei diesem Schritt wird gemarkert, da die Katze eben nicht grundaufmerksam war und das motorische Verhalten (Ohrendrehen, Kopfdrehen, Hinblicken oder -laufen ...) zusätzlich verstärkt werden sollte, um diese Reaktionen zu festigen.

Schritt 3:

Wenn die ersten beide Schritte gut eintrainiert worden sind, kann zusätzliche Ablenkung ins Spiel kommen. Deine Katze wird also umorientiert, wenn sie gerade etwas anderes macht. Zum Beispiel, wenn sie aus dem Fenster hinaussieht oder einen Gegenstand beschnuppert. In den ersten Trainingseinheiten dieses Trainingsschrittes müssen die Ablenkungen gut gewählt werden. Du solltest dir sicher sein, dass sich deine Katze umorientieren lässt, damit sich auf alle Fälle Erfolgserlebnisse einstellen.

Schritt 4:
Die Ablenkungen können weiter gesteigert werden und nach dem Umorientierungssignal können weitere bekannte Verhaltensweisen, wie das Folgen deiner Hand, das Sitzen, das Pfötchengeben oder andere Übungen, abgefragt werden. Diese ergänzenden Übungen müssen an die jeweilige Situation angepasst werden.

ÜBUNG: **Namenstraining**
ZIEL: Die Katze kommt auf Namensruf zu dir.
SCHWIERIGKEIT: 2 von 5 Pfötchen
DAUER: 5–10 Trainingseinheiten

Schritt 1:
Du sagst den Namen deiner Katze und bietest ihr anschließend etwas Angenehmes an. Die positive Konsequenz muss sich nicht immer auf Futter beschränken, sondern es können auch Streicheleinheiten oder kurze Aufmerksamkeit sein. Bei der Grundkonditionierung des Namens führt jedoch der erfolgreichste Weg über das Eintrainieren mittels Futter.

Schritt 2:
Du beobachtest deine Katze und wartest ab, bis sie zufällig in deine Richtung kommt. In diesem Moment gibst du dein Namenssignal und deiner Katze danach eine Belohnung. Auch hier musst du dir sicher sein, dass deine Katze wirklich ansprechbar ist. Deine Katze wird schnell verknüpfen, dass es sehr lohnenswert ist, zu dir zu kommen.

Schritt 3:
Ähnlich wie bei dem Umorientierungssignal kannst du nun etwas Ablenkung hinzufügen und diese langsam steigern. Nachdem deine Katze gekommen ist, muss aber immer eine Belohnung erfolgen. Auch wenn die Konditionierung des Namens bereits abgeschlossen ist, sollte weiterhin eine positive Konsequenz folgen, um das Verhalten lohnend zu machen.

ÜBUNG: **Nasentarget oder Handtarget**
ZIEL: Die Katze berührt mit ihrer Nase einen Gegenstand oder deine Handfläche.
TRAININGSMETHODEN: Formen, Targeting
SPEZIELLE REQUISITEN: Nasentarget aus dem Tierfachmarkt
DAUER: 3–5 Trainingseinheiten
SCHWIERIGKEIT: 1 von 5 Pfötchen

Das Nasentarget kann in verschiedenen Formen eintrainiert werden. Das Target selbst kann ein klassisches Nasentarget aus dem Tiertrainingsbereich, deine leere Handfläche (Handtarget) oder auch ein Kochlöffel sein.

Schritt 1

Nimm dein Target in deine dominante Hand und setz dich vor deine Katze. Nun hältst du das Target waagrecht mit ein wenig Abstand neben die Katze. Wenn sich deine Katze mit Blicken und ihrem Körperschwerpunkt oder sogar schon durch Schnuppern zu deinem Target hin orientiert, markerst und belohnst du sie. Während du deine Katze belohnst, ziehst du das Target langsam wieder zu dir, um dann einen neuen Übungsdurchgang zu starten.

Die Farbe des Nasentargetkopfes (oft ein Bällchen) sollte sich, wenn möglich, klar von der Umwelt abheben. Farben wie Rot und Grün können Katzen nicht gut erkennen. Das Nasentarget selbst sollte keine eingebaute Clickerfunktion haben. Durch das Clicken überträgt sich die Vibration auf den Targetkopf, das kann besonders bei ängstlichen Katzen zu Meideverhalten führen.

Schritt 2

Sobald deine Katze das Target mit ihrer Nase mehrmals berührt hat, belohnst du nur noch dieses Verhalten. So lernt deine Katze, aktiv auf das Target zuzugehen und nicht nur hinzublicken.

GANZ WICHTIG: Es empfiehlt sich, das Target während der einzelnen Trainingseinheiten immer wieder von einer anderen Seite zu präsentieren, damit deine Katze keine Vorliebe für eine bestimmte Richtung entwickelt.

Schritt 3

Damit deine Katze dem Target folgt, musst du es in kleinen Schritten immer weiter von deiner Katze weg halten. Da deine Katze gelernt hat, das Target mit ihrer Nase zu berühren, wird sie dem Target folgen. So kannst du mit dem Target viele Bewegungstricks aufbauen. Du solltest deine Katze schon nach ein paar Schritten belohnen und die Distanz aus Fairness nicht zu groß wählen, schließlich muss sich das Training für deine Katze lohnen und ihr Spaß machen.

Signal einführen

Wenn deine Katze diese Übung bei zehn Versuchen acht Mal gut meistert, kannst du ein verbales Signal wie z. B. »touch«, »target« oder ein anderes kurzes Wort einführen, indem du es kurz vor Präsentieren des Nasentargets sagst.

ÜBUNG: **Warten**
ZIEL: Die Katze bleibt auf einem Platz sitzen.
TRAININGSMETHODEN: Locken/Targeting, Formen
SPEZIELLE REQUISITEN: Platztarget, Antirutsch-Warteplatz (erhöht oder ebenerdig)
DAUER: katzen- und situationsabhängig
SCHWIERIGKEIT: 3 von 5 Pfötchen

Aktives Training in der Trainingssituation
Schritt 1:

Der Warteplatz und deine Katze sind direkt nebeneinander.

Führe deine Katze mit einem Nasentarget oder mit Futter auf den Warteplatz und belohne sie direkt dort. Anschließend kannst du sie mit einem Signal wie »Okay« oder »Passt« wieder von dem Warteplatz weglocken und das Hinlaufen erneut trainieren. Der Warteplatz sollte an die Vorlieben der Katze angepasst sein, sprich, er kann erhöht (z.B. Kinderhocker) oder ebenerdig (z.B. ein kleiner Teppich oder eine Schachtel) sein. Wichtig dabei ist, das Training kleinschrittig zu gestalten, das Ziel im ersten Schritt ist, dass die Katze mit allen vier Pfoten auf dem Warteplatz steht oder sitzt. Diesen Schritt kannst du zusätzlich in mehrere Zwischenschritte aufteilen.

Schritt 2:
Das Warten auf dem Warteplatz muss sich lohnen, denn sonst wird deine Katze immer wieder aufstehen und weglaufen. Du erhöhst also in diesem Schritt die Wartedauer minimal. Belohnt wird die Katze immer, wenn sie neu auf den Warteplatz geschickt wird. Dann kannst du deine Katze zuerst alle zwei, dann alle drei, vier und fünf Sekunden belohnen. Deine Katze sollte darin aber kein Muster erkennen, die Dauer wird zwar in minimalen Schritten gesteigert, aber nicht nach einem erkennbaren Schema für die Katze.
Das sieht dann so aus:
Hilfestellung (Target, Hand, Futter), damit Katze zum Warteplatz kommt → Marker und Belohnung
Katze sitzt am Warteplatz → Marker und Belohnung
Katze sitzt 1 Sekunde → Marker und Belohnung
Katze sitzt 3 Sekunden → Marker und Belohnung
Katze sitzt 1 Sekunde → Marker und Belohnung
Katze sitzt 2 Sekunden → Marker und Belohnung
Katze sitzt 3 Sekunden → Marker und Belohnung
Katze sitzt 5 Sekunden → Marker und Belohnung
Katze darf den Warteplatz verlassen → »Okay«-Signal und Katze vom Warteplatz weglocken

Dabei achtest du intensiv auf die Körpersprache (und die Gefühle) deiner Katze, um Frust zu vermeiden. Merkst du, dass deine Katze noch keine drei Sekunden warten kann, setzt du einen Zwischenschritt und hältst die Wartezeit kürzer.

Bei diesem Schritt muss auch die Belohnung stimmen, denn sie wirkt sich direkt auf das nächstgezeigte Verhalten aus. Eine sehr schnelle Belohnung wird die Katze pushen, eine ruhige Belohnung, die z. B. direkt auf den Warteplatz positioniert wird, kann Ruhe fördern.

Schritt 3:
Nun kannst du die Distanz zum Warteplatz schrittweise erhöhen, sodass sich deine Katze nach Abschluss dieses Schrittes aus 1,5 Meter Entfernung auf den Warteplatz hin orientieren kann. Zusätzlich versuchst du diese Übung auch während du stehst oder sitzt, also aus verschiedenen Grundpositionen, um das Verhalten besser zu festigen. Die Wartedauer musst du nun wieder auf das Minimum zurückschrauben und langsam aufbauen.

Aktives Training in der Praxis
Bevor wir das Warten in der Praxis wie z. B. in der Küche trainieren, muss das Verhalten bereits sehr gut eintrainiert worden sein. Solange es nicht funktioniert, muss weiterhin auf Managementmaßnahmen (z. B. kein Zutritt, während gekocht wird) zurückgegriffen werden.

Schritt 1:
Der Trainingsort wird in die Küche verlegt und es werden alle aktiven Trainingsschritte der Trainingssituation nochmals in der Küche eintrainiert.

Schritt 2:
Nun wird das Warten mit Ablenkung eingeübt. Die Ablenkung ist dabei nicht sofort das Öffnen der Lieblingsfutterdose, sondern kann z. B. nur das Herausholen einer kleinen Gabel, das Öffnen des Kühlschranks oder das Händewaschen sein. Bleibt die Katze sitzen, wird sie belohnt. Sollte die Katze aufstehen, war die Ablenkung zu groß und, es müssen wieder die Grundlagen ohne Ablenkung eingeübt werden.

Schritt 3:
Die ersten zwei Schritte in diesem Training sind die wichtigsten. Wird das Training in den ersten zwei Schritten zu schnell und unpräzise durchgeführt, wird die Katze diesen Schritt nicht meistern können. Hier trainieren wir mit realer Ablenkung. Du holst also die Futterdose aus dem Schrank, bereitest dein Frühstück vor oder erledigst andere Tätigkeiten, von denen du weißt, dass dabei das Warten früher nicht gut funktioniert hat. Auch diesen Schritt solltest du in weitere Zwischenschritte untergliedern, um die Belohnungsrate der Katze sehr hoch zu halten.

Im weiteren Training muss die Katze für das Warten immer belohnt werden. Wenn Verhalten nicht lohnend ist, wird es auch weniger oder gar nicht mehr gezeigt.

ÜBUNG: **Sitzen**
ZIEL: Die Katze setzt sich hin.
TRAININGSMETHODEN: Luring, Targeting, Einfangen
SPEZIELLE REQUISITEN: Warteplatz/Platztarget und Nasentarget
DAUER: 3–5 Trainingseinheiten
SCHWIERIGKEIT: 1 von 5 Pfötchen

Schritt 1:

Nimm dir ein Platztarget, also einen weichen Untergrund, zu Hilfe, denn Katzen setzen sich gerne auf angenehme Untergründe. Nun lockst du deine Katze mit deinem Nasentarget zum Sitzen. Du kannst dazu das Nasentarget horizontal leicht hinter den Kopf der Katze halten, aber so, dass sie das Nasentarget berühren kann. Durch die Kopf-Aufwärtsbewegung setzt sie sich. Alternativ kannst du auch einfach ein Leckerli nehmen und dieselbe Bewegung machen. Dabei wird die Katze aber nicht mit dem Lockleckerchen belohnt, sondern mit Futter aus deiner anderen Hand, um einer Fixierung auf Futter entgegenzuwirken und die Bewusstheit der Übung zu steigern.

Schritt 2:

Wenn sich die Katze mithilfe des Targets schon gut setzen kann, kannst du die Hilfestellung langsam abbauen. Das Target verschwindet mit jeder einzelnen Übung mehr in deiner Hand und du gibst vorab ein Signal. Ein verbales Signal kann »Sitzen« sein, ein Handzeichen das Erheben der horizontalen Handfläche nach oben.
Das würde dann so aussehen – die einzelnen Abläufe sollten jeweils mehrmals trainiert werden:

Signal (verbal oder Handzeichen) → Target wird benutzt → Katze setzt sich → markern und belohnen
Signal → Eingezogenes/verstecktes Target wird benutzt → Katze setzt sich → markern und belohnen
Signal → Target wird angedeutet → Katze setzt sich → markern und belohnen

Ich rate davon ab, als Handzeichen den erhobenen Zeigefinger zu nehmen. Dieses Zeichen ist von vielen Menschen bereits negativ vorkonditioniert und wird (unbewusst) mit Strafe oder auch mit der Drohung »Wenn du das nicht machst, dann passiert XY« assoziiert. Training beruht auf Freiwilligkeit von beiden Seiten, ein für uns neutrales Signal kann die Haltung und unseren Zugang zum Training verändern und so den Erfolg maximieren.

ÜBUNG: **Pfotentarget**
ZIEL: Die Katze berührt mit ihrer Pfote einen Gegenstand.
TRAININGSMETHODEN: Formen, Targeting
SPEZIELLE REQUISITEN: 1 einzelne Teebeutelverpackung
DAUER: 5–10 Trainingseinheiten
SCHWIERIGKEIT: 2 von 5 Pfötchen

Schritt 1:
Deine Katze sitzt vor dir. Du zeigst ihr, wie du einen einzelnen Snack in einer leeren Teebeutelverpackung versteckst, und legst ihn mit ein wenig Abstand vor deiner Katze auf den Boden. Je nach bisheriger Lernerfahrung der Katze (z. B.

mit dem Erarbeiten von Futter aus einem Futterspiel mit den Pfoten), wird deine Katze Interesse zeigen. Wenn deine Katze sofort mit ihrer Pfote darauftippt, belohnst du sie mit einem Leckerli aus deiner anderen Hand. Zeigt deine Katze hingegen vorerst keine Aktivitäten mit den Pfoten, dann präsentierst du das Pfotentarget (die Teebeutelverpackung) erneut. Nun wird jede Bewegung zu dem Target hin mit dem gesamten Körper oder einzelnen Pfoten verstärkt, gerade hier musst du beim Beobachten sehr genau sein. Manchen Katzen hilft es, wenn man einmal (!) auf das Target tippt, um sie so zu dem Verhalten zu motivieren.

Schritt 2:
Jetzt kannst du das Target auf deine ausgestreckte flache Hand legen und das Tippen abfragen. Deine Hand liegt dabei noch am Boden. Wenn dieser Zwischenschritt funktioniert, kannst du deine Hand in weiteren Zwischenschritten immer höher halten und das Target immer näher bei dir positionieren, um es langsam abzubauen, also aus der Übung zu nehmen, bis die Katze nur noch auf deine Handfläche statt auf den Teebeutel tippt. Nach weiteren Trainingseinheiten kannst du ein Signal einführen.

Schritt 3:
Das Verhalten »Darauftippen« kannst du nun generalisieren, indem du weitere Gegenstände im Training hinzunimmst und das Tippen abfragst. Zuerst wird immer das bisher eintrainierte Target (Teebeuteverpackung) auf das neue Objekt gelegt und anschließend wieder abgebaut, so lange, bis deine Katze das Signal mit der Handlung (Tippen auf einen Gegenstand) verknüpft hat.

ÜBUNG: **Wiegen**

ZIEL: Deine Katze lässt sich auf einer Waage wiegen.

TRAININGSMETHODEN: Locken/Targeting

SPEZIELLE REQUISITEN: Babywaage, Platztarget

DAUER: 3–5 Trainingseinheiten

SCHWIERIGKEIT: 1 von 5 Pfötchen

Schritt 1:

Schicke deine Katze auf dein Platztarget, um die Übung »Warten« aufzufrischen. Im besten Fall trainierst du mit einem dünnen Handtuch als Platztarget, das du im weiteren Training auf die Waage legen kannst. Bei diesem Schritt kann die Waage bereits in der Nähe sein. Wenn deine Katze selbstständig auf sie steigt, solltest du sofort markern und sie belohnen.

Schritt 2:

Lege dein Platztarget auf die Waage und schicke deine Katze auf das Target. Sollte deine Katze etwas zögern, hilfst du nach, indem du sie mit einem zusätzlichen Nasentarget in kleinen Trainingszwischenschritten auf das Handtuch und die Waage führst.

Schritt 3:

Sobald deine Katze regelmäßig mithilfe des Targets auf die Waage gestiegen ist, kannst du anschließend das Sitzen und Warten abfragen. Währenddessen kannst du dir das Gewicht deiner Katze notieren. Vorab kannst du ein Handzeichen oder ein verbales Signal einführen. Ein Handzeichen könnte das Zeigen oder das Tippen auf die Waage sein. Ein verbales Signal könnte »Wiegen« oder ein anderes Wort sein.

ÜBUNG: **Tablette einnehmen**

ZIEL: Deine Katze nimmt auf Signal eine Tablette ein.

TRAININGSMETHODEN: Locken/Targeting

SPEZIELLE REQUISITEN: mehrere Leckerlis, Belohnungsliste

DAUER: 15–20 Trainingseinheiten

SCHWIERIGKEIT: 4 von 5 Pfötchen

Schritt 1:

Zur Vorbereitung musst du austesten, welche Snacks deine Katze am liebsten und welche sie am wenigsten mag. Das trägst du in eine Liste ein. Du unterteilst die Leckerchen in Lieblingsfutter, sehr gute, gute, mittelmäßige und unbeliebte Leckerchen. Dabei geht es nicht um die Zusammensetzung, sondern um den Wert, den deine Katze ihnen beimisst. Es kann sein, dass du diese Rangfolge vorab mehrmals austesten musst.

Schritt 2:

Du gibst dein Signal für das Sitzen, damit sich deine Katze vor dir positioniert. Nun bringst du deiner Katze bei, ein vorgegebenes Leckerchen auf Signal zu fressen. Das bedeutet, dass du aus deiner Belohnungsliste ein sehr gutes Leckerchen auswählst und es deiner Katze verfütterst. Während deine Katze das Leckerchen schluckt, gibst du dein Markersignal und anschließend deiner Katze ihr Lieblingsleckerli. Vor allem dieser Schritt mit dem Schlucken des sehr guten Leckerchens muss mehrmals geübt werden.

Schritt 3:

Der Prozess geht folgendermaßen weiter:

Sehr gutes Leckerchen → Markern beim Schlucken → Lieblingsleckerchen

Gutes Leckerchen → Markern beim Schlucken → Lieblingsleckerchen

Mittelmäßiges Leckerchen –> Markern beim Schlucken → Lieblingsleckerchen

Unbeliebtes Leckerchen → Markern beim Schlucken → Lieblingsleckerchen

Anschließend variierst du die Reihenfolge der Leckerchen, damit deine Katze nicht die Erwartung aufbaut, dass die Qualität der Leckerchen mit jedem Schritt geringer wird.

Schritt 4:

Nun kannst du das Verhalten unter Signalkontrolle stellen. Du setzt vor dem Fressen des Leckerchens und später der Tablette ein Signal. Ein Handzeichen könnte das Zeigen oder das Tippen auf die Tablette sein. Ein verbales Signal könnte »Tablette«, »Nimm« oder ein anderes Wort sein.

Zu dieser Übung gibt es zusätzlich zwei Alternativen, die einmalig ohne Training sehr gut funktionieren. Die erste Möglichkeit ist die »Überraschungstablette«. Du gibst deiner Katze kurz vor der Fütterungszeit ein Lieblingsleckerchen nach dem anderen und dazwischen die Tablette, das sieht dann so aus:

Leckerli – Leckerli – Leckerli – Tablette – Leckerli – Leckerli

Außerdem gibt es mittlerweile verschiedene Versteckmöglichkeiten, in die du die Tablette eindrücken kannst. Das sind sehr weiche Snacks, die du online oder vor Ort im Tierfachgeschäft erwerben und anschließend mit der Tablette präparieren kannst.

ÜBUNG: **Glocke läuten**
ZIEL: Die Katze berührt mit ihrer Pfote eine Rezeptionsglocke.
TRAININGSMETHODEN: Formen, Targeting
SPEZIELLE REQUISITEN: Rezeptionsglocke oder eine Glocke aus einem Gesellschaftsspiel für Kinder
DAUER: 10–15 Trainingseinheiten
SCHWIERIGKEIT: 3 von 5 Pfötchen

Vorbereitung:
Deine Katze sollte schon zuverlässig und sicher ihre Pfote auf das verwendete Pfotentarget legen können. Du solltest auf keinen Fall kurz nach Beendigung des Targettricks sofort mit dem neuen Trick »Glocke läuten« beginnen, da du deine Katze überfordern oder verwirren könntest. Lass dir also mit jedem Trick ausreichend Zeit und sorge für Abwechslung. Bei der Glocke ist darauf zu achten, dass sie einen großen Druckknopf hat und nach dem Training sicher verstaut wird, um zu verhindern, dass deine Katze im Alltag läutet, um Futter zu erhalten. Auch sollte die Glocke anfangs auf einem weichen Untergrund stehen, damit das Läuten nicht zu schrill und laut ist und deine Katze nicht verschreckt.

Schritt 1:

Nimm dir ein Klebezettelchen als Pfotentarget und lege es auf den Boden. Nun gibst du das Signal für das Darauftippen und belohnst deine Katze. Diese Übung dient als Grundlage und Vorbereitung für das Läuten der Glocke.

Schritt 2:

Stelle nun die Glocke mit ein wenig Abstand vor deine Katze. Klebe das Target auf den Druckknopf der Glocke und gib das Signal für das Darauftippen. Wichtig ist, dass du jedes Tippen belohnst, auch wenn deine Katze noch nicht bewusst auf den Knopf tippt. Würdest du das Tippen auf das Target nicht positiv verstärken, würde das Target seine Bedeutung verlieren und deine Katze würde danach keine Lust mehr haben. Das gezielte Tippen wird in den nächsten Schritten verfeinert und weiter ausgeformt.

Schritt 3:

In den weiteren Übungseinheiten kannst du das Target so klein schneiden, dass es so groß wie der Druckknopf selbst ist. Verstärke nun jedes Klingeln. Sobald deine Katze ein paarmal auf das Target und dabei oder aus Zufall auf den Druckknopf getippt hat, belohnst du nur noch das gezielte Tippen.Wenn deine Katze oft und gerne die Glocke betätigt, kann das Target abgebaut werden, indem du es entweder noch kleiner schneidest oder ganz weglässt.

Schritt 4:

Läutet deine Katze schon zuverlässig die Glocke? Dann kannst du ein Handzeichen oder ein verbales Signal einführen. Ein Handzeichen könnte das Zeigen oder das Tippen

auf die Glocke sein. Ein verbales Zeichen könnte »Glocke«, »Wer ist am schönsten?« oder ein anderes Wort sein.

ÜBUNG: **Männchen machen**
ZIEL: Die Katze sitzt auf ihren Hinterbeinen und streckt die Vorderpfötchen in die Höhe.
TRAININGSMETHODEN: Locken, Targeting
SPEZIELLE REQUISITEN: Nasentarget
DAUER: 10–15 Trainingseinheiten
SCHWIERIGKEIT: 3 von 5 Pfötchen

Schritt 1:
Schicke deine Katze mit einem Signal in die Sitzposition. Nimm dein Nasentarget und führe es leicht über den Kopf der Katze nach hinten. Das Target sollte horizontal gehalten werden. Denn wenn es zu frontal oder vertikal gehalten wird, kann das deine Katze verängstigen oder blockieren. Sie sollte sich nun minimal in die Höhe strecken müssen, um das Target mit ihrer Nase zu berühren. Berührt sie es nicht sofort, setze weitere Zwischenschritte. Das heißt, dass jede Kopfbewegung, die weiter zum angestrebten Verhalten führt, belohnt wird.

Wenn deine Katze nach dem Nasentarget pfötelt, dann ist sie überfordert. Das Pföteln ist nicht erwünscht und sollte nicht belohnt werden. Am besten startest du neu in die Übung und fängst wieder mit dem normalen Dem-Nasentarget-Folgen als Grundlage an.

Schritt 2:
Wenn sich deine Katze problemlos aus der Sitzposition nach dem Target streckt, kannst du das Target in kleinen Zwischenschritten immer höher halten, allerdings nicht mehr schräg nach hinten, sondern direkt über den Kopf der Katze. Deine Bewegung ist dabei fließend und nicht abstoppend, das heißt, dass du das Target zwar zuerst, wie in Schritt 1 erklärt, schräg nach hinten, dann aber nach oben bewegst. Dabei sollte deine Katze aber immer das Target berühren können. In diesem Trainingsschritt kannst du auch die Positionshaltedauer deiner Katze langsam steigern.

Das Männchenmachen kann für Katzen sehr anstrengend sein. Am besten übst du jeden Schritt nur drei Mal, dann machst du eine Auflockerungsübung und fragst erneut drei Mal denselben Schritt ab. Je nach Trainingsstand und Motivation der Katze können bei den jeweils drei Versuchen Zwischenschritte nötig werden.

Schritt 3:
Nun können die Hilfsmittel je nach Stand abgebaut werden. Dazu kannst du das Target mit jedem weiteren Trainingsschritt langsam in deiner Hand verschwinden lassen, indem du es immer näher Richtung Targetball hältst und zusätzlich etwas Distanz zum Kopf der Katze aufbaust. Dieser Schritt kann sich für viele Katzen herausfordernd gestalten, vor allem dann, wenn wir als Trainer*innen zu schnell sind. Die Distanz muss langsam wachsen und das Target muss nach und nach versteckt werden.

Schritt 4:
Währenddessen kann auch die Signaleinführung stattfinden. Ein verbales Signal könnte »Hands up« oder »Männchen« oder ein anderes kurzes Wort sein. Ein Handzeichen könnte eine seitliche Bewegung beider Hände nach oben sein. Wichtig ist, dass keine Verwechslung dieses Handzeichens mit anderen, wie zum Beispiel dem für den Trick »Sitzen«, möglich ist.

Probleme verstehen und lösen

Im Laufe eines Katzenlebens kann es durchaus vorkommen, dass sich Verhaltensauffälligkeiten oder unerwünschte Verhaltensweisen entwickeln. Hier ist es wichtig, den Unterschied zwischen Verhaltensauffälligkeit und einer unerwünschten/störenden Verhaltensweise zu benennen (siehe Kapitel »Die Grundlagen der Katzenerziehung«). Noch mal zur Erinnerung: Ersteres ist ein Verhalten, das vom Normalverhalten der Katze abweicht und von starken (negativen) Emotionen begleitet wird. Letzteres ist katzentypisches Verhalten, das uns stört und gezeigt wird, wenn Bedürfnisse nicht befriedigt werden. Beide Verhaltensprobleme können die Lebensqualität der Katze stark einschränken, daher ist es wichtig, frühzeitig und mit positiven Maßnahmen entgegenzuwirken.

Um Verhaltensprobleme verstehen zu können, müssen die Katze und ihr Verhalten genau beobachtet werden. Das kann mithilfe der *funktionalen Verhaltensanalyse* gemacht werden. Denn so kann individuell auf das gezeigte Verhalten, die Katze und die bedingenden Umstände eingegangen werden. Das Modell beschreibt, dass es eine Vorgeschichte (engl. *antecedents*) gibt, das Verhaltens selbst und Ursachen, die zu dem gezeigten Verhalten führen. Es hilft dabei, Tiere nicht fälschlicherweise mit Wörtern wie »dominant«, »gemein« oder anderen menschlichen Interpretationen zu labeln.

Als Merkhilfe kann man sich daher das englische Akronym *A-B-C* einprägen:

- **Antecedents (Umstände):** Das ist alles, was vor dem gezeigten Verhalten passiert. Dazu gehören nicht nur direkte Auslöser, sondern auch der allgemeine Gesundheitszustand des Tieres, der alltägliche Umgang mit der Katze, das aktuelle Empfinden und Erleben oder auch das akute Stressniveau der Katze. Insbesondere sollten mögliche Schmerzen abgeklärt werden, zur Erinnerung: Katzen zeigen Schmerzen sehr subtil, bei Verhaltensauffälligkeiten sollte immer eine tiermedizinische Untersuchung auf Schmerzen stattfinden. Zu den Antezedenzien gehören auch das Dasein und die Stimmung der Besitzer*innen.

- **Behavior (Verhalten):** Mit Behavior ist das gezeigte Verhalten selbst gemeint. Dabei ist es wichtig, dass wir es beschreiben und eben nicht interpretieren. Also: Was genau macht die Katze?

- **Consequences (Konsequenzen):** Nach dem Verhalten gibt es bestimmte Konsequenzen, die von dem Tier als angenehm oder unangenehm empfunden werden und auf zukünftiges Verhalten wirken können. Manche Konsequenzen können wir bewusst, zum Beispiel durch den Einsatz einer Belohnung, verändern. Die Konsequenzen wirken sich auch auf die Umstände in Zukunft aus, da der positive Umgang mit Katzen für effizienteres Lernen sorgt und die Mensch-Katze-Beziehung positiv beeinflusst.

Sowohl die bedingenden Umstände als auch die Konsequenzen eines Verhaltens können wir Besitzer*innen bis zu einem gewissen Grad verändern. Diese Veränderungen wirken sich dann direkt auf das gezeigte Verhalten aus, beispielsweise, wenn das Wohnraummanagement optimiert wird. Manchmal reichen kleinste Veränderungen aus, um das Verhalten einer Katze nachhaltig zu verändern.

Verhalten tritt eben nie isoliert auf und wird von vielen Faktoren beeinflusst, daher ist die funktionale Verhaltensanalyse ein gutes Hilfsmittel. Vor allem bei extremem Angst- oder Aggressionsverhalten helfen solche Systeme, das Verhalten einer Katze besser zu verstehen und anschließend passende Lösungsmaßnahmen zu finden.

Eine Studie aus dem Jahr 2020 zeigt, dass bis zu 80 % aller Angst- oder/und Aggressionsproblematiken bei Hunden und Katzen aufgrund von Schmerzen auftreten. Regelmäßige Check-ups und Schmerzanalysen in der Tiermedizinpraxis sind daher ein Muss für jede*n Haustierbesitzer*in!

Wir dürfen uns bei Verhaltensauffälligkeiten oder unerwünschten Verhaltensweisen nicht nur auf das Verhalten selbst konzentrieren, sondern müssen die Katze ganzheitlich betrachten. Zudem müssen wir die Ursache ausfindig machen, denn als Besitzer*innen sehen wir meist nur das Symptom eines Problems (das Verhalten) und versuchen es zu lösen. Auf lange Sicht wird das nur leider nicht funktionieren, da sich das Verhalten in Intensität und Ausführung ändern kann, während die Ursache bestehen bleibt.

Alltagsprobleme im Fokus

Einige Verhaltensweisen, die wir im Alltag an unseren Katzen beobachten, empfinden wir als störend. Dabei entstehen Alltagsproblematiken vorwiegend dann, wenn es zu einer mangelnden Bedürfnisbefriedigung des Haustieres kommt. Viele Alltagsprobleme können daher durch Managementmaßnahmen und mehr Beschäftigungsmöglichkeiten gelöst werden.

Szenario »Katze springt auf Küchenmöbel«

Das Springen auf den Esstisch oder die Küchenzeile lässt sich auf mehrere, meist zusammenhängende Gründe zurückführen. Bevor wir einen konkreten Trainingsplan erstellen, müssen wir einige Informationen über dieses Verhalten zusammentragen. Denn einfach das Hinaufspringen zu unterbinden, ist weder ein bedürfnisorientiertes Training noch eine nachhaltige Lösung. In diesem Fall würde sich das Problem nur verschieben und das Verhalten eventuell nur dann gezeigt werden, wenn wir abwesend sind. Es gilt immer, die Ursache herauszufinden und daran zu arbeiten. In den meisten Fällen ist die Ursache dieses Problems ein Hungergefühl und/oder Unterforderung. Viele Katzen suchen dann äußerst zielstrebig den Esstisch oder die Arbeitsfläche nach Essen ab. Zusätzlich bietet der erhöhte Platz eine gute Aussicht auf den gesamten Wohnraum der Katze, das Bedürfnis »Sicherheit« wird somit befriedigt. Schließlich kann es aber auch sein, dass das Hinaufspringen erlernt wurde. Denn erhält die Katze dort immer wieder Futter, wird sie diesen Ort öfter aufsuchen. Hier sehe ich als Trainerin insbesondere zwei Faktoren sehr kritisch: Erstens wird dadurch das Betteln am Tisch aufgebaut. Als Besitzer*in darf ich mich dann nicht wundern, wenn meine Katze immer wieder auf dem Tisch Futter einfordert – trotz regelmäßiger Fütterung. Es spricht nichts dagegen, wenn Katzen während unserer Essenszeit eine Futterbeschäftigung bekommen. Als Trainingsmaßnahme ist das tatsächlich auch sehr sinnvoll. Zweitens sollten Katzen nie Essen, das für den menschlichen Verzehr gedacht ist, fressen, denn das kann zu gesundheitlichen Problemen führen. Manche Katzen holen sich tatsächlich selbstständig Essen vom Tisch, aus Schränken oder gar aus dem Kühlschrank. Sich selbstständig Futter zu beschaffen liegt in der Natur der Katze. Futterspiele mit verschiedenen Schwierigkeitsgraden schaffen Abhilfe und sorgen für eine positive Stimmung.

Bei dieser Alltagsproblematik sollte die individuelle Bedürfnisbefriedigung der Katze überdacht werden. Kürzere Fütterungsintervalle und zusätzliche Futterbeschäftigungen im Alltag wirken vor allem dem selbstständigen Suchen und Klauen von Essen entgegen. So wird auch Frustration gelindert, denn gerade frustrationsbedingte Aggression im Mehrkatzenhaushalt hängt meist mit Hungerfühl zusammen. Zudem können Kindersicherungen an Schränken angebracht werden, die die Katze gerne ausräumt. Aussichtsplätze in der Küche, wie zum Beispiel ein kleiner Kratzbaum, ein extra Esssessel für die Katze oder eine Fensterhängematte, können das Bedürfnis nach Sicherheit befriedigen. Zusätzlich können diese Bereiche im Zuge des Trainings positiv aufgewertet werden, sodass sie auch benutzt werden. Bitte sieh davon ab, deine Katze an neue Plätze zu gewöhnen, indem du sie von dir aus oder sogar gegen ihren Willen hinaufhebst. Denn so verknüpft die Katze sofort ein negatives Gefühl damit und bekanntlich

zählt bei Katzen der erste Eindruck sehr stark. Weitere Managementmaßnahmen können ergriffen werden, indem der Katze während der Zubereitung des Essens oder während des Essens der Zutritt zu diesem Bereich verwehrt wird. Das muss allerdings mit einer Alternativbeschäftigung gekoppelt werden, denn nur so bleibt das Stressniveau für Katze und Besitzer*in gering. Diese Managementmaßnahme bleibt so lange in Kraft, bis deine Katze im aktiven Training gelernt hat, unter Ablenkung auf einem Platz zu warten. Die Übung »Warten« wurde bereits im Abschnitt »Trainingsübungen« erklärt. Das Training muss zuerst in einer sehr reizarmen Umgebung und in einem stressreduzierten Setting geschehen und kann im Laufe der Zeit durch mehr Ablenkung gesteigert werden.

Szenario »Katze trinkt aus Wassergläsern«

Wassergläser haben eine fast magische Wirkung auf Katzen. Aus ihnen wird nicht nur gerne, vor allem mithilfe der Pfoten, getrunken, sondern sie werden auch gerne umgeworfen. Wieso Katzen so gerne aus Wassergläsern trinken, ist wissenschaftlich nicht erforscht. Aus Katzensicht ist das Trinken aus deinem Wasserglas aber sehr vorteilhaft. Zum Beispiel wird dadurch ihr Sicherheitsbedürfnis befriedigt. Deshalb trinkt deine Katze gerne in deiner Nähe aus deinem Wasserglas, das sich in der Regel in erhöhter Position befindet, was ihr einen Überblick verschafft. Manche Katzen mögen frisches Wasser besonders – du kannst es einmal testen. Außerdem sind Gläser durchsichtig und deshalb ganz besonders interessant für Katzen. Ich vermute, dass Katzen von den Bewegungen des Wassers angetan sind und es deshalb mit ihrer Pfote erkunden möchten. So wird auch das Erkundungsverhalten der Katze gefördert, was zum täglichen Beschäftigungsangebot der Katze positiv beiträgt.

Lösungsmaßnahmen können direkt am Trinkmanagement der Katze ansetzen. Meine Katze Alexis beispielsweise trinkt sehr gerne aus Whiskey- oder Schnapsgläsern, deshalb biete ich sie ihr vermehrt an, um ihr Trinkverhalten zu fördern.

Szenario »Katze kratzt an Stoffsessel«

Katzen kratzen. Kratzen ist ein wichtiges Verhalten, dessen Funktion nicht nur auf das Schärfen der Krallen beschränkt ist. Um das Kratzen an unerwünschten Stellen zu vermeiden, muss die Ursache gefunden werden. Wie bereits im Kapitel »Das 1×1 der Katzenhaltung« beschrieben, ist das Verhalten oftmals eine Einladung zur gemeinsamen Interaktion. Hier helfen als Trainingsmaßnahme der Aufbau geregelter Routinen und das Einüben von Stimmungszonen. Katzen können durch intensives Kratzen ihren Frust lindern und Langeweile entgegenwirken. Am besten stellt man sich hier wieder den Lebensakku der Katze vor, denn Katzen nutzen ihre Krallen, um Stress abzubauen und um Sicherheit zu gewinnen. Aufgrund dessen ist ein vielfältiges Kratzangebot sinnvoll.

Das Kratzen dient auch der innerartlichen Kommunikation, denn an den Pfoten liegen Duftdrüsen, und die Katze kann dadurch an Gegenständen Botschaften hinterlassen. Vor allem zur territorialen Abgrenzung sind Kratzmarkierungen wichtig. Sie vermitteln der eigenen Katze im Lebensraum Sicherheit und teilen den weiteren Katzen im Haushalt ihren aktuellen Gefühlszustand mit. Durch das Durchstre-

cken des Körpers beim Kratzen werden die Muskeln gut gedehnt, was zur Fitness der Katze beiträgt. Das ist auch einer der Hauptgründe, dass Katzen gerne an Stühlen kratzen. Sie haben die Möglichkeit, sich direkt hochzustrecken und zu kratzen, bei herkömmlichen Kratzbäumen ist das nicht möglich, da sie meist zu verschachtelt gebaut sind. Beim Kratzen an Stoff sind eine olfaktorische und eine optische Markierung möglich. Kratzen ist grundsätzlich immer selbstbelohnend und sorgt für einen Anstieg der Glückshormone. Das Schaffen einer sichtbaren Markierung sorgt für einen zusätzlichen Wohlfühlfaktor im Lebensraum der Katze. Gerade bei Textilmaterialien können Katzen relativ schnell einen Erfolg verzeichnen, denn das Material ist empfindlicher als klassische Sisalstämme. Trainingsmaßnahmen sind abhängig von der Funktion des Verhaltens. Es hilft allerdings in jedem Fall, mehr Kratzmöglichkeiten in unterschiedlichen Materialien und Ausführungen anzubieten. Sie sollten nicht nur in einem Bereich, sondern im ganzen Wohnraum, insbesondere in der Nähe des zerkratzten Stuhls, verfügbar sein. Sie können im aktiven Clickertraining positiv verknüpft und mit Katzenminze- oder Katzenbaldriansprays attraktiv gestaltet werden. Mithilfe eines Alltagsmarkers (siehe Kapitel »Die Grundlagen der Katzenerziehung«) kann das Kratzen an erwünschten Stellen gefördert werden. Neben der Optimierung dieser Kratzmöglichkeiten sollte auch das Beschäftigungsmanagement verbessert werden. Mehr Futterspiele und Interaktion mit der Bezugsperson stärken nicht nur den Charakter und mindern Unsicherheiten, sondern sorgen auch für Stressabbau. Es gilt im positiven Training immer, dass wir Verhalten nicht unterbinden oder gar bestrafen, sondern umorientieren. Durch die positive Veränderung des Kratzmanagements nimmt das Verhalten grundsätzlich ab. Wenn deine Katze dieses Verhalten trotzdem zeigt, orientierst du sie mit deinem zuvor gut aufgebauten Umorientierungssignal um. Wenn die Katze über Jahre hinweg am selben Stoffsessel gekratzt hat, ist die Wahrscheinlichkeit, dass das Verhalten gänzlich aufhört, geringer. Daher gilt es immer, rechtzeitig auf unerwünschte Verhaltensweisen oder -auffälligkeiten positiv einzugehen. Durch das Training wird das Verhalten aber deutlich weniger, was zu einer Entlastung der*des* Besitzers*in sorgt. Eine weitere Lösung wäre, den Sessel auszutauschen, um das Verhaltensmuster dadurch zu unterbrechen. Diese Maßnahme sollte aber nur durchgeführt werden, wenn gleichzeitig das Kratzmanagement optimiert wird.

Verhaltensauffälligkeiten im Fokus

Verhaltensauffälligkeiten senken die Lebensqualität des Katze-Mensch-Teams stark. Sie sollten nach Möglichkeit immer mit Verhaltenstrainer*innen trainiert und von tiermedizinischer Kontrolle begleitet werden. Verhaltensauffälligkeiten treten auf, wenn die Katze physisch und/oder psychisch stark leidet. In den meisten Fällen ist das eine Kombination aus organischen und stressbedingten Ursachen. Eine tiermedizinische Untersuchung ist demnach ein Muss, um eine organische Erkrankung ausschließen zu können. Bei diesen Auffälligkeiten sollte immer so schnell wie möglich reagiert werden, um den Leidensdruck der Katze sofort zu lindern. Je länger Besitzer*innen warten, umso geringer ist die Aussicht auf eine Lösung des Problems, da sich das Verhalten

bereits manifestiert haben kann und dann routinemäßig ausgeführt wird. Für Verhaltensauffälligkeiten gibt es keine Pauschallösungen, daher ist die Unterstützung von neutralen, positiv arbeitenden Fachleuten hilfreich, um so schnell wie möglich funktionierende Lösungsstrategien umsetzen zu können. Bei allen Verhaltensauffälligkeiten gilt allerdings, dass das Selbstvertrauen der Katze durch Beschäftigungsmanagement und Optimierung des Wohnraums gefestigt werden muss. Das stellt eine Win-win-Situation für alle Beteiligten dar, da die Katze durch die positiven Maßnahmen emotional stabilisiert wird und ihre Beziehung zu anderen Katzen und zur Bezugsperson intensiviert wird. Psychische und physische Gesundheit sind auch bei Katzen eng verknüpft.

Verhaltensauffälligkeit »Unsauberkeit«

Unsauberkeit ist eine der häufigsten Verhaltensauffälligkeiten, bei der ich als Trainerin zurate gezogen werde.

Es gibt drei Arten von Unsauberkeit:

- Urinieren außerhalb des Katzenklos
- Kot absetzen außerhalb des Katzenklos
- Markierverhalten mit Urin

Bei den meisten Unsauberkeitsfällen handelt es sich um eine Kombination aus körperlichen und mentalen Leiden. Förderung des Selbstvertrauens und eine Optimierung der Katzentoilette sind immer erforderlich. Mehr zum perfekten Katzenklomanagement findest du im Kapitel »Das 1×1 der Katzenhaltung«.

Um das Problem der Unsauberkeit sinnvoll lösen zu können, ist es wichtig, zwischen Unsauberkeit durch Harn-/Kotabsatz und Unsauberkeit durch Harnmarkieren zu unterscheiden. Denn beide Verhaltensweisen haben unterschiedliche Funktionen und Gründe. Der Harnabsatz selbst hat keine andere Funktion, als die Blase zu entleeren. Das Harnmarkieren dient allerdings der innerartlichen Kommunikation und kann auch als Übersprungshandlung gezeigt werden. Harnmarkieren ist immer ein Zeichen von Erregung, die zwar auch positiv sein kann, in den meisten Fällen aber negativ ist und durch Stress ausgelöst wird. Das Markieren mit Kot wird von Katzen äußerst selten gezeigt.

Grundsätzlich erkennt man an folgenden Kriterien, dass eine Katze unsauber ist:

- Die Katze lässt den Urin in der Hocke ab und scharrt anschließend,
- daher findet man große Urinmengen eher auf horizontalen Flächen (also zum Beispiel auf Textilien oder dem Boden)

Viele Katzen, die unter Schmerzen leiden, setzen ihren Urin eher in aufrechter Haltung ab. Wenn du bemerkst, dass deine Katze eher kleine Urinmengen absetzt und oft auf die Toilette geht, kann das ein Symptom einer Blasenentzündung sein. Das solltest du auf alle Fälle so schnell wie möglich mit einer*m Tiermediziner*in besprechen.

Das Markieren mit Urin ist hingegen durch folgende Merkmale gekennzeichnet:

- Die Katze uriniert in stehender Position, der Schwanz zittert dabei leicht und oft dribbeln die Hinterbeine oder auch die Vorderpfötchen der Katze.
- Katzen markieren dabei meistens vertikale Stellen und der Urin läuft daran herab.
- Die dabei abgegebene Urinmenge kann unterschiedlich sein, meistens sind es aber eher kleinere Mengen.

Um das Verhalten und die Umstände besser zu verstehen, sollte an bekannten betroffenen Stellen eine Überwachungskamera installiert werden. So kann das Verhalten besser beschrieben und mögliche zusätzliche Stressfaktoren können erkannt werden. Für eine funktionale Verhaltensanalyse sind Kameras ein sehr gutes Werkzeug, um wertfrei Verhalten zu analysieren.

Unsauberkeit ist kein katzentypisches Verhalten. Auch dann nicht, wenn es nur tageweise und unregelmäßig gezeigt wird. Es ist ein Hilferuf der Katze, der von einigen Besitzer*innen erst spät wahrgenommen wird.

Bei deinem*r Tiermediziner*in sind folgende Untersuchungen bei Auftreten von Unsauberkeit sinnvoll:

- allgemeine Untersuchung
- Schmerzanalyse (auch Zahnschmerzen können Unsauberkeit auslösen!)
- Blutbild
- Urinanalyse/Kotanalyse
- Röntgen des Bewegungsapparates
- Hormonstatus

Es ist ein sehr deutliches Signal, wenn sich Katzen außerhalb der Katzentoiletten erleichtern. Bei Unsauberkeitsfällen gilt es immer zu überlegen, wieso die Katze einen anderen Ort bevorzugt. Du solltest dir ab dem Zeitpunkt der Unsauberkeit folgende drei Fragen stellen:

- Was sind die Unterschiede zwischen dem gewählten Ort und der vorhandenen Katzentoilette?
- Welche Veränderungen wurden an der Katzentoilette in den letzten vier Wochen vorgenommen?
- Welche Veränderungen sind im Zusammenleben mit der Katze in den letzten vier Wochen eingetreten?

Du kannst dir eine Liste erstellen, um anschließend das Katzenklomanagement zu optimieren und mögliche Stressfaktoren herauszufiltern und ihnen entgegenzuwirken. Bei Unsauberkeit im Mehrkatzenhaushalt müssen die Gruppendynamik und die einzelnen Beziehungen der Katzen zueinander unter die Lupe genommen werden. Eine Beziehungsverbesserung sollte parallel immer stattfinden, um diesen Stressfaktor kontrollieren zu können.

Vor allem als Ursache des Harnmarkierens sollten schlechte Beziehungen nicht unterschätzt werden, da Harnmarkieren ein Zeichen der inneren Erregung der Katze darstellen kann.

Eine weitere artgerechte Katzentoilette sollte aufgestellt werden, auch dann, wenn die Mindestanzahl bereits erreicht ist. Betroffene Stellen sollten mit Enzymreiniger gesäubert werden, um zu verhindern, dass sich der Geruch in dem Material festsetzt.

Szenario »Katze pinkelt oder kotet in Badewanne/Dusche«

Der Unterschied zwischen der klassischen Katzentoilette und der Badewanne/Dusche liegt in der Größe und der Beschaffenheit unter den Katzenpfötchen. Auch sind Badezimmer meist ruhiger als andere Räume. Zusätzlich zu den medizinischen Untersuchungen, die ich bereits erwähnt habe, sollten die Katzenzehen auf Gelenkkrankheiten untersucht werden. Vielen Katzen ist die Katzenstreu zu grob, im Alter kann zu grobkörnige Streu zu Schmerzen und somit zur Aversion gegen die Katzentoilette führen.

Als Lösung sollte das Katzenklomanagement von Grund auf verändert werden, das bedeutet, dass ruhige, aber nicht beengende Standorte für die Katzentoilette gewählt werden sollten. Die Katze sollte die Toilette von mindestens zwei Seiten betreten können, ohne dabei zu hoch einsteigen zu müssen. Die Streu sollte sehr fein und fast sandartig sein, um mögliche Schmerzen in den Pfötchen zu verhindern.

Szenario »Katze pinkelt auf Stoffmaterialien«

Wie beim obigen Szenario kann dieses Problem aufgrund der Einstreu auftreten. Hinzu kommt, dass der genaue Ort und das Material beobachtet werden müssen. Wenn die Katze erhöht, zum Beispiel auf dem Sofa, pinkelt, kann das auf Unsicherheit hindeuten. Im Mehrkatzenhaushalt sollten die Beziehungen verbessert werden und es sollte sichergestellt werden, dass kein Katzenklomobbing stattfindet. Dabei lauert eine Katze während des Toilettengangs der anderen auf, um sie zu stören oder danach abzufangen. Das ist ein großer Stressfaktor. In diesem Fall sollte ein*e Verhaltenstrainer*in zurate gezogen werden, um passende Trainingsmaßnahmen für die mobbende wie auch für die gemobbte Katze zu erarbeiten. Erste Maßnahmen sind bei Katzenklomobbing die Auslastung der mobbenden Katze, die Erhöhung der Anzahl der Katzentoiletten und die Vertiefung der Beziehungen der Katzen untereinander.

Betroffene Stellen sollten unbedingt mit Enzymreiniger gesäubert werden, denn wenn die Stelle nach Katzenurin riecht, wird die Katze diesen Ort auch tatsächlich als Katzentoilette annehmen. Auch bei diesem Szenario sollten die Einstreu gewechselt und eine weitere Toilette in die Nähe der betroffenen Stelle aufgestellt werden. Eine weitere Managementmaßnahme ist, dass während der kritischen Phase der Zugang zur jeweiligen Stelle verwehrt wird. Die kritische Phase ist der Zeitraum, in welchem die Optimierungen umgesetzt werden. Er sollte nie länger als zehn Tage betragen, um das Leiden der Katze schnell zu beenden. Das Zutrittsverbot sollte nur dann in Kraft treten, wenn der Wohnraum dadurch nicht immens eingeschränkt wird, um einen zusätzlichen Stressfaktor zu vermeiden. Auch in diesem Fall muss der Zugang zu allen lebensnotwendigen Ressourcen gegeben sein.

Szenario »Katze pinkelt neben dem Katzenklo«

Bei Katzen, die neben oder aus dem Klo pinkeln, muss geprüft werden, ob die Katzentoilette wirklich die Bedürfnisse der Katze erfüllt. In vielen Fällen ist die Katzentoilette zu klein, der Einstieg zu hoch oder die Art der Katzentoilette ungeeignet. Dieses Problem lässt sich meistens durch eine größere, offene Katzentoilette lösen. Nichtsdestoweniger kann auch eine gesundheitliche Ursache vorhanden sein, die die Katze zum Beispiel dazu veranlasst, im Stehen zu pinkeln, um keine Schmerzen zu haben.

Szenario »Katze markiert gegen die Eingangstür«

Bei Markierverhalten müssen alle potenziellen Stressfaktoren unter die Lupe genommen werden, um die Ursache ausfindig zu machen. Gerade bei dieser Thematik muss meist Detektivarbeit geleistet werden, da sich die Symptomatik sonst verschiebt. Harnmarkieren kommt selten allein und wird oftmals von weiteren Verhaltensauffälligkeiten wie Vokalisieren oder starkem Aggressions- und Angstverhalten begleitet. Ein*e Tiermediziner*in und ein*e Verhaltenstrainer*in sollten hinzugezogen werden, um die Situation schnell wertfrei beurteilen zu können. Videoaufnahmen und Verhaltenstagebücher können Besitzer*innen helfen, das Markierverhalten zu verstehen und Maßnahmen anzupassen.

Nicht nur Kater, sondern auch Kätzinnen können mit Urin markieren. Eine Kastration ist in jedem Fall sinnvoll, wenngleich auch kastrierte Tiere zum Harnmarkieren fähig sind.

Die Tatsache, dass die Katze an der Eingangstür markiert, also an einer Stelle, die nach draußen führt, lässt vermuten, dass es sich um territorialen Stress handelt. Wenn die Katze Kontakt mit der Nachbarskatze (durch Fenster oder ungesicherten Freigang) hat, muss diese Beziehung gecheckt werden. Wenn es möglich ist, sollte der Kontakt zu der Katze unterbrochen werden, indem beispielsweise Fenster mit Milchglasfolie abgeklebt werden, um diesen Stressfaktor zu minimieren. Da Harnmarkieren und Angst eng verknüpft sind, sollte die Katze durch mentales Training und vermehrte Rückzugsorte, die auch erhöht angeboten werden, Selbstvertrauen und -sicherheit gewinnen. Erwartungssicherheit ist bei Angstproblematiken immer ein großes Thema, ein geregelter Tagesablauf, mehrmalige geregelte Fütterungszeiten (zum Beispiel mithilfe eines zeitgesteuerten Futterautomaten) und regelmäßige Eins-zu-eins-Zeit mit Bezugspersonen wirken positiv gegen diese Unsicherheit. Die Katze hat einen inneren Konflikt, der starke negative Gefühle hervorbringt, aus diesem Grund müssen positive Gegenmaßnahmen stattfinden, um die Katze emotional zu stabilisieren. Die Konfliktzone sollte positiv verknüpft werden, dies ist in diesem Fall der Bereich vor der Eingangstür. Dazu können Besitzer*innen immer wieder mal Futterspiele, Spiel- oder Clickertrainingseinheiten an diesem Ort anbieten.

Wie bei allen Unsauberkeitsfällen gilt es auch hier, die betroffene Stelle mit Enzymreiniger zu säubern. Du solltest für artgerechte und optimierte Katzentoiletten sorgen und deren Anzahl erhöhen.

Verhaltensauffälligkeit »Ständiges Vokalisieren«

Viele Katzenbesitzer*innen finden das Miauen einer Katze erst einmal süß, sobald die Katze aber durchgehend miaut und vokalisiert, zerrt das ziemlich an den Nerven der Bezugspersonen. Mit Vokalisieren ein sehr monotones Miauen bis Jaulen gemeint, das ohne Interaktion des Menschen gezeigt wird. Zwar haben manche Katzen gelernt, dass sie durch kurze, intensive Miauphasen die Aufmerksamkeit ihrer Besitzer*innen erlangen, die Verhaltensauffälligkeit des Vokalisierens wird allerdings in einer sehr hohen Intensität

gezeigt, während die Katze keinen direkten Kontakt zu ihrer Bezugsperson sucht. Katzen vokalisieren, wenn sie Stress erfahren haben und sich unsicher fühlen. Das kann insbesondere kurz nach einem Umzug ins neue Zuhause vorkommen. Auch Langeweile und allgemeine Unzufriedenheit können zu monotonem Miauen führen, doch in den meisten Fällen verbirgt sich hinter dieser Auffälligkeit eine gesundheitliche Problematik. Daher ist eine genaue medizinische Untersuchung nötig, um ebendiese auszuschließen. Katzen, die an Bluthochdruck oder Schilddrüsenproblemen leiden, zeigen vermehrtes Vokalisieren. Das ist auch vermutlich einer der Gründe dafür, dass besonders ältere Katzen von dieser Verhaltensauffälligkeit betroffen sind. Bei deinem*r Tiermediziner*in sind beim Auftreten von vermehrtem, intensivem Miauen folgende Untersuchungen sinnvoll:

- allgemeine Untersuchung
- Schmerzanalyse (auch Zahnschmerzen können zu vermehrtem Vokalisieren führen!)
- Blutbild
- Hormonstatus (am besten wiederholt und nicht nur einmalig)
- Hörtest
- Besprechung von Demenzverhalten

Sehr alte Katzen beginnen vermehrt zu miauen, wenn sie dement werden. Diese Situation ist für Besitzer*in und Katze sehr belastend. Durch einen geplanten Tagesablauf kann etwas mehr Lebensfreude in den Alltag der Katze gebracht werden. Grundsätzlich gilt bei dieser Auffälligkeit, dass Erwartungssicherheit geschaffen werden muss. Regelmäßige Aktivitätseinheiten, viele Rückzugsorte und geregelte

Routinen verhelfen der Katze zu mehr Selbstsicherheit, die das übermäßige Miauen vermindern kann. Denn das Miauen wird von sehr negativen Gefühlen begleitet, daher müssen wir als Besitzer*innen diese Gefühle ernst nehmen und individuelle Alternativen schaffen.

Szenario »Katze miaut permanent hinaus«
Miauen ist immer ein Zeichen, dass ein akutes Bedürfnis besteht. Eine Katze, die vor dem Fenster oder der Eingangstür sitzt und hinausmiaut, möchte mitteilen, dass sie Freigang wünscht. Je nachdem, ob die Katze die Möglichkeit zu (gesichertem) Freigang hat, kann das auch geschehen. Chipgesteuerte Katzenklappen sind eine gute Investition, damit die Katze selbstständig ohne Aufforderung entscheiden kann, ob und wann sie nach draußen möchte. Das vermeidet Frustration und Stress bei der jeweiligen Katze und den Besitzern*innen. Für Katzen in Wohnungshaltung ist der ungesicherte Freigang keine adäquate Möglichkeit, auf das Miauen zu reagieren. Der Fokus sollte hier daher auf dem Beschäftigungsmanagement liegen. Mittels Stimmungszonen können Katzen ihren Besitzern*innen frühzeitig mitteilen, dass sie sich nach einer Aufgabe sehnen. Auch kann das Wohnraummanagement dem Beschäftigungstrieb dienen, indem mit Catwalks in die Höhe gebaut wird. Fensterplätze können durch Fensterhängematten attraktiver werden. Wenn die Katze trotz optimierter Managementmaßnahmen in das Vokalisieren verfällt, sollten ihre Gefühle begleitet werden. Sie zu ignorieren oder negative Reize zu setzen verschlimmert die Situation und sind dem Tier gegenüber sehr ungerecht. Am besten wird die Katze durch ein vorab eintrainiertes Entspannungssignal und ein Umorientierungs-

signal umorientiert. Anschließend kann eine ruhige Alternative wie zum Beispiel ein Futterspiel oder ein Schnüffelteppich geboten werden. Als Trainerin ist mir bekannt, dass gerade solche Situationen sehr anstrengend sind, Geduld und Positivität lohnen sich in diesen Situationen allerdings immer.

Szenario »Katze miaut nur in der Nacht«

Manchmal miauen Katzen nur nachts. Um die konkreten Trainingsmaßnahmen ergreifen zu können, muss die Ursache herausgefunden werden. Nächtliche Unruhe kann auf Trennungsstress, Unterforderung, Hunger, Orientierungslosigkeit oder Krankheit zurückzuführen sein. Trennungsangst ist ein sehr vielschichtiges Thema, das bei Katzen leider wenig erforscht ist. Erwartungssicherheit, geschaffen durch Routinen und Ankündigungen, ist bei dieser Problematik sicherlich keine verkehrte Maßnahme und hilft zusätzlich Unterforderung entgegenzuwirken. Ich rate davon ab, kurz vor dem Schlafengehen eine Spieleinheit mit der Katze einzuführen, denn schnell kann es dadurch zu Frustration und anschließend zu unerwünscht lebhaftem Verhalten kommen. Ich kann von meiner Katze nur ruhiges Verhalten erwarten, wenn das zuvor gezeigte Verhalten beruhigend wirkte. Mindestens 30 Minuten vor der eigentlichen Schlafenszeit sollte keine aktivierende Tätigkeit mehr stattfinden. Im Gegenzug dazu können ruhige Aktivitäten wie eine Schleckmatte oder Schnüffelspiele die Ruhe fördern.

Ein vorab aufgebautes Gute-Nacht-Signal kann helfen, der Katze mitzuteilen, dass die Besitzer*innen nun als Ressource nicht mehr zur Verfügung stehen. Das kann etwa aus dem Signal »Gute Nacht, Katze« in Kombination mit

Futterspielen und/oder Nachtlichtern geschehen. Nachtlichter tragen zugleich dazu bei, dass sich die Katze besser orientieren kann. Denn wenn es stockdunkel ist, sieht auch die Katze nichts. Wenn Hungergefühl die Ursache für das Miauen ist, sind zeitgesteuerte Futterautomaten ideal, um die Abhängigkeit vom Menschen zu reduzieren. Auch mehrere kuschelige Schlafplätze an guten Aussichtspunkten, wie in der Höhe oder an Fenstern, können die Ruhe in der Nacht fördern. Es ist durchaus möglich, dass die Katze in der ersten Phase der Umsetzung der Maßnahmen weiterhin nachts miaut, hier kann ein Entspannungssignal und anschließend ein Umorientierungssignal mit langfristiger Alternative gesetzt werden.

Szenario »Katze miaut tagsüber«

Bei diesem Szenario gelten ähnliche Maßnahmen wie bei der Vokalisation in der Nacht. Zusätzlich kann hier der Fokus auf die Selbstwirksamkeit der Katze gesetzt werden. Mit Trockenfutter befüllte Futterspiele und ein passendes Wohnraummanagement können dem Vokalisieren entgegenwirken. Katzen, die trotz Anwesenheit und Verfügbarkeit der Besitzer*innen vokalisieren, können mithilfe von Stimmungszonen einen strukturierteren Tagesablauf erfahren. Tagsüber kann die Situation meistens besser geregelt werden, da die Katze umorientiert und aktiv aus der Situation geholt werden kann. Die Katze sollte dann umorientiert werden, wenn das Verhalten gerade beginnt. Eine Selbstregulierung findet in den wenigsten Fällen statt, Ignorieren ist daher keine optimale und faire Maßnahme. Durch das Anbieten positiver Reize schaffen Besitzer*innen es hingegen, dass sich die Stimmung der Katze ins Positive verän-

dert. In Summe wird so die Auffälligkeit – sofern weitere Maßnahmen umgesetzt werden und keine organische Ursache vorliegt – reduziert.

Verhaltensauffälligkeit »Angst und Aggression«

Angst- und Aggressionsverhalten gibt es in verschiedenen Variationen (Angstaggression, frustrationsbedingte Aggression, umgerichtete Aggression ...), in den allermeisten Fällen sind Angst und Aggression stark vernetzt. Es gilt, immer so zeitnah wie möglich zu handeln, da eine ängstliche oder aggressive Katze stark gestresst ist. Bei diesen Verhaltensauffälligkeiten muss eine tiermedizinische Untersuchung stattfinden, da wie bereits erwähnt bis zu 80 % aller Fälle auf Schmerzen zurückzuführen sind.

Bei deinem*r Tiermediziner*in sind bei Auftreten von Angst- oder Aggressionsverhalten folgende Untersuchungen sinnvoll:

- allgemeine Untersuchung
- Schmerzanalyse (Zahn- und Gelenkschmerzen können zu erhöhtem Angst- oder Aggressionsverhalten führen!)
- Blutbild
- Hormonstatus (am besten wiederholt und nicht nur einmalig)

Bisherige Erfahrungen und die Sozialisierung der Katze sind wichtige Faktoren, die bei Angst- und Aggressionsverhalten berücksichtigt werden müssen.

Eine funktionale Verhaltensanalyse ist notwendig, um Auslöser zu erkennen und ihnen in Zukunft frühzeitig vorbeugen zu können. Das Augenmerk sollte ebenso auf weiteren Antezedenzien liegen, denn wenn das Stressniveau bereits in den Tagen vor der Verhaltensauffälligkeit hoch war, wirkt sich dieser Umstand zusätzlich fördernd auf das gezeigte Verhalten aus. Auf Aggressions- oder extreme Angstauffälligkeiten möchte ich als Trainerin hier nicht detailliert eingehen, da Selbstexperimente fatale Folgen für Tier und Besitzer*in haben können. Diese Verhaltensauffälligkeiten verlangen individuelle und auf das Katze-Mensch-Team abgestimmte Trainingsmaßnahmen, um fair und erfolgreich behoben werden zu können. Eine Pauschallösung gibt es nicht.

Szenario »Angst vor der Türklingel und Besuch«
Die spezifischen Gründe für die Angst vor Besuch können sehr unterschiedlich sein. Für die meisten Katzen ist bereits das Ertönen der Klingel ein Auslöser für Fluchtverhalten. Katzen hören weitaus besser als wir Menschen, die Klingel wird daher als unangenehmer Reiz wahrgenommen. Auch schrecken wir Menschen oft hoch, um die Tür zu öffnen und den Besuch zu empfangen. Katzen haben prinzipiell Angst vor unkontrollierten und unvorhersehbaren Bewegungen, dieses plötzliche Aufschrecken wird deine Katze daher möglicherweise als Gefahrensituation einschätzen.

Katzen, die schlecht sozialisiert sind oder bisher wenig positive Interaktionen mit Menschen hatten, fürchten sich intensiver vor fremden Personen. Für diese Katzen ist das Klopfen an der Tür oder das Klingeln ein Ankündigungssignal, das Meide- bzw. Angstverhalten triggert, da sie in dessen Folge negative Reize, also den Besuch, erwarten.

Mithilfe eines guten Wohnraummanagements kann eine positive und sichere Umgebung für die Katze geschaffen werden, in der sie sich wohl fühlt.

Fühlen sich Katzen zu Hause sehr wohl und leben sie in einem für sie gut kontrollierbaren Lebensraum, reagieren sie auf neue, ungewohnte Reize seltener mit Angst.

Besitzer*innen können sich eine separate externe Klingel besorgen, die vorab positiv verknüpft werden kann, sodass das Ertönen der Glocke im weiteren Trainingsprozess eine positive Konsequenz ankündigt. Beispielsweise ertönt die Klingel mit niedriger Lautstärke im anderen Zimmer und anschließend folgt etwas sehr Positives für die Katze als Konsequenz. In kleinen Trainingsschritten können nun Position und Lautstärke verändert werden. Je kleinschrittiger und genauer gearbeitet wird, desto sicherer und nachhaltiger sind die Erfolgserlebnisse. Eine zu schnelle Steigerung in diesem Training führt zu weiterem Angstverhalten und Rückschritten, die sich negativ auf die Lebensqualität der Katze auswirken.

Meine Katze Alexis hat aufgrund des Trainings keine Angst, sondern empfindet Freude, wenn die Klingel ertönt. Sie läuft dann gleich zur Wohnungstür und setzt sich auf eines der Regalbretter an der Wand, um den Besuch zu empfangen. Dank eines Wartesignals läuft Alexis nicht hinaus. Es ist für alle mittlerweile ein sehr schönes Ritual, so begrüßt zu werden.

Der Besuch sollte von den Besitzer*innen auch direkt

angewiesen werden, wie mit der Katze umzugehen ist. Der Besuch sollte die Katze nicht sofort streicheln oder sich über sie beugen, da das zu negativen Gefühlen bei der Katze führen kann. Die Katze wird also erst mal nicht beachtet oder bedrängt, es sollten auch keine plötzlichen, für die Katze nicht einschätzbaren Verhaltensweisen gezeigt werden. Es kann viel Zeit vergehen, bis Katzen überhaupt den Kontakt zu fremden Menschen suchen.

Auch hier gilt: Die Katze wird nur beachtet, wenn sie aktiv den Kontakt sucht. Snacks werden höchstens aus der Distanz angeboten. Vielen Katzen hilft es, wenn sie nicht von Besuch überrascht werden, sondern Besuch aktiv mit einem Signal angekündigt wird. Bei Angstkatzen wäre ein sogenannter Saferaum, also ein separates Zimmer, wohin die Katze vorab gebracht wird, passend. Dort hat der Besuch keinen Zutritt und die Katze alle wichtigen Ressourcen, die sie zum Leben braucht. So hört die Katze zwar den Besuch, wird ihm aber nicht direkt ausgesetzt. Der*die Besitzer*in sollte jedoch in regelmäßigen Abständen nach der Katze sehen, um sicherzustellen, dass es ihr gut geht und sie keine große Angst zeigt. Im Zuge dessen kann auch die Tür einen Spalt offen gelassen werden. Wir geben den Katzen also die Möglichkeit, aus dem Saferaum zu kommen oder auch im sicheren Versteck zu bleiben. In keinem Fall sollte die Katze gegen ihren Willen aus dem Versteck geholt werden, da sie hier in eine Konfliktsituation kommt und das für erheblichen Stress sorgt.

Bei überraschendem Besuch sollten sofortige positive Maßnahmen wie ein Entspannungssignal eingesetzt werden und die Katze nach Möglichkeit in ihren Saferaum gebracht werden.

Besuchstraining ist ein langwieriger Prozess, der viel Geduld erfordert. Mit Übung und Zeit wird sich das Verhalten deiner Katze nachhaltig verbessern.

Szenario »Trennungsstress/-angst«

Trennungsangst ist eine bisher kaum erforschte Auffälligkeit bei Katzen. Es kann zwischen zwei Arten von Trennungsstress unterschieden werden:

- Trennungsstress innerhalb der Wohnung durch eine Tür
- Trennungsstress durch Abwesenheit der Bezugsperson außerhalb der Wohnung

Bei Letzterem ist es oft typisch, dass die Katze bereits gestresst auf Vorbereitungen der Bezugsperson, wie zum Beispiel das Klackern des Schlüsselbunds, reagiert. Allgemeine Unruhe, vermehrtes Vokalisieren bei Abwesenheit, Rückzug oder frustrationsbedingte Aggression können Reaktionen sein. Wie immer hilft auch hier eine allgemeine Reduktion möglicher Stressursachen. Ein Futterautomat wirkt dem Hunger entgegen, ein zusätzliches sauberes Katzenklo trägt zum Wohlbefinden der Katze bei und Futterspiele fördern die mentale Stimulation. Ankündigungen und ein geregelter Tagesablauf können die Angst lindern. Eine Förderung der Katzengruppenbeziehungen kann einzelnen Katzen ebenso helfen, die stressige Situation besser zu bewältigen. Bei Angstverhalten ist die Optimierung des Lebensraumes wichtig, um den Katzen viele Rückzugsorte anbieten zu können. Wie bei dem Szenario »Katze miaut nur in der Nacht« kann die Trennung angekündigt und mithilfe entspannender Maßnahmen wie Schnüffelspielen oder Nachtlichtern positiv gestaltet werden.

Trennungsstress zu trainieren ist herausfordernd und braucht viel Zeit.

Das Beheben von unerwünschten Verhaltensweisen und Verhaltensauffälligkeiten durch faires Training ist eine Reise. Es braucht Zeit, Konsequenz, Unterstützung (auch für Besitzer*innen!) und einen fairen Umgang, um den gewünschten Erfolg zu erzielen. Training endet nie, eine Verbesserung kann in jeder Situation erreicht werden. Bedürfnis- und bindungsorientiertes Training lohnt sich in jedem Fall.

Literaturverzeichnis

Bücher:

Bradshaw, John: Die Welt aus Katzensicht. Wege zu einem besseren Miteinander – Erkenntnisse eines Verhaltensforschers. Stuttgart: Franckh-Kosmos Verlags-GmbH &Co. KG, 2015.

Dehasse, Joel/Schroll, Sabine: Verhaltensmedizin der Katze. Leitsymptome, Diagnostik, Therapie und Prävention. 3. Auflage. Stuttgart: Enke Verlag, 2015.

Gansloßer, Udo/Rodewald, Andrea: Verhaltensbiologie der Hauskatze. 2. Auflage. Fürth: Filander Verlag GmbH, 2016.

Hauschild, Christine: Katzenhaltung mit Köpfchen. Für ein rundum glückliches Katzenleben. Norderstedt: Books on Demand GmbH, 2012.

Johnson-Bennett, Pam: Think Like a Cat. How to Raise a Well-Adjusted Cat - Not a Sour Puss. 2. Auflage. New York: Penguin Books Group Inc., 2012.

Lind, Ekard: Lerngesetze verstehen und anwenden. In Alltag, Arbeit und Sport mit dem Hund. Nerdlen/Daun: Kynos Verlag, 2015.

Maderthaner, Rainer: Psychologie. 3. Auflage. Wien: Facultas Verlags- und Buchhandels AG, 2021.

Parsons, Emma: The New Click To Calm. Solutions for All Dogs in a Challenging World. Waltham: Sunshine Books, Inc., 2021.

Pfleiderer, Mircea: Katzenverhalten. Von der Wildkatze zur Hauskatze. Mimik, Körpersprache und Verständigung. Stuttgart: Franckh-Kosmos Verlags-GmbH & Co. KG, 2014.

Prins, Simon: Das Pavlov-Projekt. Ein Diensthundeausbilder berichtet. Nerdlen/Daun: Kynos Verlag Dr. Dieter Fleig GmbH, 2022.

Pryor, Karen: Positiv bestärken – sanft erziehen. Die verblüffende Methode, nicht nur für Hunde. 2. Auflage. Stuttgart: Franckh-Kosmos Verlags-GmbH & Co. KG, 2006.

Ramirez, Ken: Animal Training. Successful Animal Management Through Positive Reinforcement. East Windsor: Corpus Publishing Limited, 2019.

Ramirez, Ken: The Eye of the Trainer. Animal Training, Transformation, and Trust. Waltham: Sunshine Books, Inc., 2020.

Theby, Viviane: Verstärker verstehen. Über den Einsatz von Belohnung im Hundetraining. 5. Auflage. Nerdlen/Daun: Kynos Verlag Dr. Dieter Fleig GmbH, 2018.

Turner, Dennis/Bateson, Patrick: The Domestic Cat. The Biology of Its Behavior. 3. Auflage. Cambridge: Cambridge University Press, 2014.

Weinzinger, Brigid: Gemeinsam und erfolgreich. Das 5 Stufen Erfolgssystem für die Hundeerziehung. Eigenverlag, 2020.

Wendt, Marlitt: Wie Katzen ticken. Gefühle und Gedanken unserer Stubentiger. München: Cadmos Verlag GmbH, 2011.

Studien im Buch:

Kapitel 1:

»Gesundheitliche Vorsorge«

Falcão, Filipa/Pedro Faísca/Inês Viegas/Joana Cabral De Oliveira/João Filipe Requicha: Feline oral cavity lesions diagnosed by histopathology: a 6-year retrospective study in Portugal, in: Journal of Feline Medicine and Surgery, SAGE Publishing, Bd. 22, Nr. 10, 07.02.2020, [online] doi:10.1177/1098612x19900033, S. 977–983.

Lascelles, X./Duncan, B./John Henry/James H. Brown/Ian H. Robertson/Andrea Thomson Sumrell/Wendy Simpson/Simon J. Wheeler/Bernie Hansen/Helia Zamprogno/Mila Freire/Anthony Pease: Cross-Sectional Study of the Prevalence of Radiographic Degenerative Joint Disease in Domesticated Cats, in: Veterinary Surgery, Wiley-Blackwell, Bd. 39, Nr. 5, 18.06.2010, [online] doi:10.1111/j.1532-950x.2010.00708.x, S. 535–544.

Kapitel 2:
»Der Hörsinn«
Snowdon, Charles T./David Teie/Megan Savage: Cats prefer species-appropriate music, in: Applied Animal Behaviour Science, Elsevier BV, Bd. 166, 01.05.2015, [online] doi:10.1016/j.applanim.2015.02.012, S. 106–111.
»Streicheln – so machst du es richtig«
Finka, Lauren R./Lucia Ripari/Lindsey Quinlan/Camilla Haywood/Jo Puzzo/Amelia E. Jordan/Jaclyn Tsui/Rachel Foreman-Worsley/Laura E. Dixon/Marnie L. Brennan: Investigation of humans individual differences as predictors of their animal interaction styles, focused on the domestic cat, in: Scientific Reports, Nature Portfolio, Bd. 12, Nr. 1, 15.07.2022, [online] doi:10.1038/s41598-022-15194-7.
Haywood, Camilla/Lucia Ripari/Jo Puzzo/Rachel Foreman-Worsley/Lauren R. Finka: Providing Humans With Practical, Best Practice Handling Guidelines During Human-Cat Interactions Increases Cats' Affiliative Behaviour and Reduces Aggression and Signs of Conflict, in: Frontiers in Veterinary Science, Frontiers Media, Bd. 8, 23.07.2021, [online] doi:10.3389/fvets.2021.714143.
Kapitel 3:
»Wie alles begann – Die Domestikation der Katze«
Driscoll, Carlos A., Juliet Clutton-Brock/Andrew C. Kitchener/Stephen J. O'Brien: The Taming of the Cat, in: PubMed Central (PMC), 01.06.2009, [online] https://www.ncbi.nlm.nih.gov/pmc/articles/PMC5790555/, S. 68–75.
»Die Mensch-Katze-Beziehung«
Vitale, Kristyn R./Alexandra C. Behnke/Monique A. R. Udell: Attachment bonds between domestic cats and humans, in: Current Biology, Elsevier BV, Bd. 29, Nr. 18, 23.09.2019, [online] doi:10.1016/j.cub.2019.08.036, S. R864–R865.
Kapitel 4:
»Was ›muss‹ eine Katze können?«
Bánszegi, Oxána/Andrea Urrutia/Péter Szenczi/Robyn Hudson:

More or less: spontaneous quantity discrimination in the domestic cat, in: Animal Cognition, Springer Science+Business Media, Bd. 19, Nr. 5, 22.04.2016, [online] doi:10.1007/s10071-016-0985-2, S. 879–888.

»Umgang mit störenden Verhaltensweisen«

O'Hanley, Kristina A./David L. Pearl/Lee Niel: Risk factors for aggression in adult cats that were fostered through a shelter program as kittens, in: Applied Animal Behaviour Science, Elsevier BV, Bd. 236, 01.03.2021, [online] doi:10.1016/j.applanim.2021.105251.

Kapitel 7:

»Probleme verstehen und lösen«

Mills, Daniel S./Isabelle Demontigny-Bédard/Margaret E. Gruen/Mary P. Klinck/Kevin J. McPeake/Ana Maria Barcelos/Lynn Hewison/Himara Van Haevermaet/Sagi Denenberg/Hagar Hauser/Colleen S. Koch/Kelly C. Ballantyne/Colleen Wilson/Chirantana V Mathkari/Julia Pounder/Elena Fernández García/Patricia Darder/Jaume Fatjó/Emily S. Levine: Pain and Problem Behavior in Cats and Dogs, in: Animals, MDPI, Bd. 10, Nr. 2, 18.02.2020, [online] doi:10.3390/ani10020318.

Weitere Studien:

Cecchetti, Martina/Sarah L. Crowley/Cecily E. D. Goodwin/Robbie A. McDonald: Provision of High Meat Content Food and Object Play Reduce Predation of Wild Animals by Domestic Cats *Felis catus*, in: Current Biology, Elsevier BV, Bd. 31, Nr. 5, 08.03.2021, [online] doi:10.1016/j.cub.2020.12.044, S. 1107-1111.e5.

Delgado, Mikel M./Leticia M. S. Dantas: Feeding Cats for Optimal Mental and Behavioral Well-Being, in: Veterinary Clinics of North America – Small Animal Practice, Elsevier BV, Bd. 50, Nr. 5, 01.09.2020, [online] doi:10.1016/j.cvsm.2020.05.003, S. 939–953.

Ellis, Sarah/Hannah R. Thompson/Cristina Guijarro/Helen Zulch: The influence of body region, handler familiarity and order of region handled on the domestic cat's response to being stroked, in: Applied Animal Behaviour Science, Elsevier BV, Bd. 173, 01.12.2015, [online] doi:10.1016/j.applanim.2014.11.002, S. 60–67.

Evangelista, Marina C./Ryota Watanabe/Vivian Yee-Fong Leung/Beatriz P. Monteiro/Edel A. O'Toole/Daniel S J Pang/Paulo V. Steagall: Facial expressions of pain in cats: the development and validation of a Feline Grimace Scale, in: Scientific Reports, Nature Portfolio, Bd. 9, Nr. 1, 13.12.2019, [online] doi:10.1038/s41598-019-55693-8.

Henning, Julia/Torben Kjersgaard Nielsen/Eduardo Fernández/Susan J. Hazel: Factors associated with play behavior in human-cat dyads, in: Journal of Veterinary Behavior, Elsevier BV, Bd. 52–53, 01.06.2022, [online] doi:10.1016/j.jveb.2022.05.007, S. 21–30.

Humphrey, Tasmin/Leanne Proops/Jemma Forman/Rebecca Marie Spooner/Karen McComb: The role of cat eye narrowing movements in cat–human communication, in: Scientific Reports, Nature Portfolio, Bd. 10, Nr. 1, 05.10.2020, [online] doi:10.1038/s41598-020-73426-0.

Kim, Youn-Jung/Hyung J. Kim/Dirk U. Pfeiffer/Dave C. Brodbelt: Epidemiological study of feline idiopathic cystitis in Seoul, South Korea, in: Journal of Feline Medicine and Surgery, SAGE Publishing, Bd. 20, Nr. 10, 02.10.2017, [online] doi:10.1177/1098612x17734067, S. 913–921.

Mills, Daniel S.: Perspectives on assessing the emotional behavior of animals with behavior problems, in: Current opinion in behavioral sciences, Elsevier BV, Bd. 16, 01.08.2017, [online] doi:10.1016/j.cobeha.2017.04.002, S. 66–72.

Pisa, Paola Etel/Christian Agrillo: Quantity discrimination in felines: a preliminary investigation of the domestic cat (Felis silvestris catus), in: Journal of Ethology, Springer Science+Business Media, Bd. 27, Nr. 2, 02.10.2008, [online] doi:10.1007/s10164-008-0121-0, S. 289–293.